U0620102

宁夏高等学校一流学科建设（草学学科）项目（NXYLXK2017A01）资助

宁夏植物图鉴

（第四卷）

李小伟　黄文广　窦建德　主编

科学出版社

北　京

内 容 简 介

　　《宁夏植物图鉴》（共 4 卷）是一部全面、系统介绍宁夏植物区系的专业图鉴。本卷（4）共收集宁夏维管植物 26 科、134 属、544 种（包括种下等级），在内容上用简洁的文字介绍了每种植物的中文名、拉丁名、科属分类、形态特征、产地和生境，同时借助彩色图片对每种植物的生境、叶、花和果等特征进行了全面展示，弥补传统植物志的不足，便于读者识别和掌握植物主要特征。本书集实用性、科学性和科普性于一体，是对宁夏植物区系的重要补充。

　　本书对深入研究宁夏植物分类和区系生态地理具有重要的科学意义，也可为科研、教学、环保和管理部门的工作提供参考。

图书在版编目（CIP）数据

宁夏植物图鉴 . 第四卷 / 李小伟，黄文广，窦建德主编 . —北京：科学出版社，2021.6

　　ISBN 978-7-03-069004-3

　　Ⅰ.①宁…　　Ⅱ.①李…②黄…③窦…　　Ⅲ.①植物 - 宁夏 - 图集　Ⅳ.①Q948.524.3-64

中国版本图书馆CIP数据核字（2021）第102104号

责任编辑：刘　畅 / 责任校对：杨　赛
责任印制：张　伟 / 封面设计：迷底书装

科 学 出 版 社 出版

北京东黄城根北街 16 号
邮政编码：100717
http://www.sciencep.com

北京捷迅佳彩印刷有限公司印刷

科学出版社发行　各地新华书店经销

*

2021 年 6 月第　一　版　开本：787×1092　1/16
2021 年 6 月第一次印刷　印张：19 1/2
字数：499 200

定价：198.00 元
（如有印装质量问题，我社负责调换）

《宁夏植物图鉴》编委会

编　　委：李小伟　吕小旭　黄文广　林秦文　朱　强　窦建德
　　　　　黄　维　翟　浩　王继飞　余　殿　刘　超　李志刚
　　　　　李建平　田慧刚　杨　慧　杨君珑　李亚娟　余海燕
　　　　　袁彩霞　王　蕾　马丽娟　马惠成　刘万弟　王文晓
　　　　　李静尧　马红英　闫　秀　赵映书　赵　祥　曹怀宝
　　　　　师　斌　王　冲　杨　健　李庆波　任　佳　徐志鹏
　　　　　曹　晔　田育蓉　张嘉玉　刘慧远

摄　　影：李小伟　吕小旭　林秦文　朱　强

本册主编：李小伟　黄文广　窦建德
副 主 编：黄　维　王　蕾　余海燕　李亚娟　刘慧远
参编人员：刘万弟　闫　秀　师　斌　李静尧　王　冲　杨　健
　　　　　李庆波　任　佳　徐志鹏　曹　晔

前　言

　　宁夏回族自治区位于中国西北内陆东部，黄河中游上段，辖区范围东经104°17′~107°39′，北纬35°14′~39°23′，全区土地总面积为 6.64 万 km²，是中国半湿润区、半干旱区向干旱区的过渡带和典型的农牧交错区。北部三面有腾格里沙漠、乌兰布和沙漠和毛乌素沙漠环绕。黄河自中卫南长滩进入宁夏，流经卫宁和银川平原，蜿蜒 397km，流至北部石嘴山市头道坎麻黄沟出境入蒙。全区是典型的大陆型气候，全年平均气温在 3~10℃，降水量南多北少，大都集中在夏季；干旱山区年平均降水 400mm，引黄灌区年平均 157mm。地势南高北低，土壤和植被呈地带性分布，土壤从北向南主要是灰钙土、黑垆土和山地灰褐土；宁夏植被水平分布南端为森林草原带，向北依次过渡为典型草原带、荒漠草原带和荒漠带，其中典型草原和荒漠草原是宁夏植被的主体。宁夏面积虽小，但生态系统多样，沙漠、荒漠、草原、湿地、森林均有，具有适宜众多植物生存和繁衍的各种生境。据《宁夏植物志》（第二版）记载，宁夏有历史记录的维管植物 1909 种，隶属 130 科 645 属。

　　近年来，随着宁夏生态文明建设的大力投入，植物多样性保护、合理开发和可持续利用野生植物资源不断推进，而植物分类人才严重短缺的情况下，急需一部科、属齐全，种类较多，能反映当前植物系统学现状和宁夏植物区系变动，且中文名、拉丁名正确，简明、实用、图文并茂的植物分类著作——《宁夏植物图鉴》，可以满足我区农、林、牧、医药、环保行业、科研和教育等部门科技人员和基层工作者对植物分类的需求。

　　《宁夏植物图鉴》（共 4 卷）记载约 1700 种维管植物；全书共分四卷：第一卷为蕨类植物、裸子植物和被子植物（从睡莲科至鸭跖草科）；第二卷从金鱼藻科至蔷薇科；第三卷从胡颓子科至杜鹃花科；第四卷从杜仲科至伞形科。蕨类植物是按照蕨类植物系统发育研究组系统（Pteridophyte Phylogeny Group，PPGⅠ）排列；裸子植物是按照多识裸子植物分类系统排列；被子植物是按照被子植物系统发育研究组系统（Angiosperm Phylogeny Group，APGⅣ）排列；所有物种的中文名、拉丁名及科、属拉丁名均参照《中国植物志》、《Flora of China》、中国植物名录（China Plant Catalogue，CNPC）核对和修正；并且补充近 50 种新分布植物。本书对每种植物用简洁的文字介绍了中文名、拉丁名、科属分类、形态特征、产地和生境；并用彩色图片对每种植物的生境、叶、花和果等特征进行了全面展示，便于读者识别和掌握植物主要特征；同属种的排列按照种加词英文字母顺序。

本书是针对宁夏植物区系，集学术和科普性为一体的图书。本书的出版对深入研究宁夏地区植物资源、物种多样性以及当地生态环境保护策略等都具有重要意义，同时为宁夏地区的植物种质资源保护及其综合开发利用提供了依据。本书语言通俗易懂，图文并茂，是植物科研人员及农林工作者较好的参考书，也是广大植物爱好者认识和熟悉宁夏地区植物的工具书。

本书从标本的采集，照片的拍摄，到图鉴的编写经历数载，倾注了编者的大量心血，由于编者的学术水平有限和出版时间紧迫，难免疏漏，敬请广大读者和同行斧正。

编　者

目　录

一一五　**杜仲科**　**Eucommiaceae**

杜仲属　*Eucommia* Oliv.

杜仲 *Eucommia ulmoides* Oliv.

落叶乔木。树皮灰褐色，粗糙，内含橡胶，折断拉开有多数细丝。叶椭圆形、卵形或矩圆形，薄革质；基部圆形或阔楔形，先端渐尖，侧脉 6~9 对，边缘有锯齿；叶柄上面有槽，被散生长毛。花生于当年枝基部，雄花无花被；花梗无毛；苞片倒卵状匙形，顶端圆形，边缘有睫毛；雄蕊无毛，药隔突出，花粉囊细长，无退化雌蕊。雌花单生，苞片倒卵形，子房无毛，1 室，扁而长，先端 2 裂，子房柄极短。翅果扁平，长椭圆形，先端 2 裂，基部楔形，周围具薄翅；坚果位于中央，稍突起。种子扁平，线形。早春开花，秋后果实成熟。

宁夏中宁县有栽植，分布于陕西、甘肃、河南、湖北、四川、云南、贵州、湖南及浙江等。

一一六　**茜草科**　**Rubiaceae**

1. 野丁香属　*Leptodermis* Wall.

内蒙野丁香 *Leptodermis ordosica* H. C. Fu et E. W. Ma

矮小灌木。多分枝。叶对生，长椭圆形，全缘，边缘常反卷，上面绿色，下面灰绿色，两面无毛；托叶三角状披针形。花近无梗，1~3 朵簇生叶腋或枝端；小苞片，中部以下合生，膜质；花萼顶端 4~5 裂，裂片先端尖，边缘具睫毛；花冠长漏斗形，紫红色，边缘 4~5 裂，裂片卵状披针形；雄蕊 4~5 个；柱头 3，线形。蒴果椭圆形，黑褐色，外包宿存的萼裂片及小苞片。花期 6~7 月，果期 7~8 月。

产宁夏贺兰山及香山，生于石质干旱山坡或岩石缝隙中。分布于内蒙古。

2. 茜草属 *Rubia* L.

（1）金剑草（披针叶茜草）*Rubia alata* Roxb.

多年生草本，攀缘或铺散。枝具棱，沿棱被倒钩状小刺。叶 4 枚轮生，叶片披针形，两面被疏的短柔毛，背面沿脉较密，边缘全缘，反卷，具糙毛；叶柄被倒生刺毛和短柔毛。聚伞花序顶生和腋生，成疏散的圆锥花序，总花梗与花梗均被倒生刺毛；小苞片披针形；萼筒近球形，无毛；花冠黄绿色；雄蕊 5，着生于花冠喉部；花柱 2 裂。果实球形，成熟后黑色，无毛。花期 6~7 月，果期 8~9 月。

产宁夏贺兰山、六盘山及泾源、隆德等县，生于山坡草地、林下、沟谷。分布于安徽、福建、甘肃、广东、广西、贵州、河南、湖北、江西、陕西、四川、云南和浙江等。

（2）茜草 *Rubia cordifolia* L.

多年生缠绕草本。根须状，紫红色。茎四棱形，沿棱具倒生小刺。叶通常 4 片轮生，纸质，叶片卵形，边缘具倒生刺，上面粗糙，疏被短硬毛，背面疏被糙毛，沿脉疏被倒生小刺；叶柄具棱，沿棱具倒生小刺，基出脉 3~5。聚伞花序顶生或腋生，组成疏松的圆锥花序；小苞片卵状披针形；花萼筒近球形；花冠辐状，黄白色或白色，5 裂；雄蕊 5；花柱 2 深裂达中部，柱头头状。果实近球形，橙红色。花期 6~7 月，果期 7~9 月。

　　产宁夏贺兰山、罗山、香山、南华山及盐池、灵武、海原等市（县），生于山坡、河边、路旁及农田边。分布于安徽、甘肃、河北、湖南、青海、山东、山西、四川、西藏和云南。

（3）金钱草（膜叶茜草）*Rubia membranacea* Diels

　　多年生缠绕草本。主根红褐色，须根纤细，红色。茎具纵棱，被倒生小刺。叶 6 片轮生，叶片膜质，卵形，先端长渐尖，基部心形，全缘，边缘具倒生小刺，表面绿色，疏被短硬毛，背面淡灰绿色，沿脉被倒生小刺；叶柄具纵棱，被倒生小刺。聚伞花序，总花梗光滑；小苞片线形；花萼裂片 5；花冠辐状，黄绿色，5 裂；雄蕊 5，着生于花冠筒喉部；花柱 2 裂，柱头头状。果实球形，黑色。花期 6 月，果期 8 月。

　　产宁夏六盘山及南华山，生于山坡林下或山谷草地。分布于湖北、湖南、四川和云南。

3. 拉拉藤属 *Galium* L.

(1) 北方拉拉藤 （砧草）*Galium boreale* L.

多年生草本。茎直立，多分枝，四棱形。叶 4 片轮生，披针形，先端钝，基部宽楔形，全缘，边缘稍反卷，具短硬毛，基脉 3 出，无叶柄；聚伞花序组成顶生圆锥花序；花梗萼筒被疏或密的白色硬毛；花冠白色，4 深裂，裂片宽椭圆形；雄蕊 4，伸出；花柱 2 裂，几达基部，柱头头状。果爿近球形，双生或单生，密被钩状毛。花期 6~8 月，果期 8~9 月。

产宁夏贺兰山、罗山、六盘山、月亮山及固原市，生于山坡草地或灌丛。分布于甘肃、河北、黑龙江、河南、吉林、辽宁、内蒙古、青海、陕西、山东、山西、四川、新疆、西藏和云南。

(2) 四叶葎 *Galium bungei* Steud.

多年生草本。茎丛生，多分枝，4 棱形，下部铺卧，无毛或疏具刺毛。叶 4 枚轮生，卵状披针形，先端急尖，基部渐狭，上面疏生短刺毛，下面沿脉疏生短刺毛，边缘具短刺毛；近无柄。总状花序状聚伞花序，具苞片，线形；花萼被短刺毛，檐部近截形；花冠黄绿色，檐部 4 深裂，裂片宽卵形；雄蕊 4，着生于花冠筒上部；花柱 2 裂至中部，柱头头状。果实被鳞片状短毛。花期 6~7 月，果期 7~9 月。

产宁夏六盘山、贺兰山、罗山、南华山，生于海拔 1200~2200m 的林下、林缘。广布于南北各地。

（3）单花拉拉藤 *Galium exile* J. D. Hooker

多年生草本。茎纤细，具4棱，沿棱具钩状毛。叶4~6枚轮生，倒卵状矩圆形，先端钝，具小尖头，基部楔形，上面散生短硬毛，下面主脉1条，被钩状毛；近无柄。花单生或成对生叶腋，花梗疏被钩状毛；花白色，花冠4裂，裂片卵状三角形，无毛；雄蕊4，无毛；子房被钩状毛。果实被钩状毛，椭圆形。花期7月，果期8~9月。

产宁夏六盘山和贺兰山，生于林下、沟谷草地。分布于甘肃、内蒙古、青海、陕西、山西、四川、新疆、西藏、云南。

（4）喀喇套拉拉藤 *Galium karataviense* (Pavlov) Pobed.

多年生草本。茎直立或攀缘，柔弱，分枝或不分枝，具4角棱，棱上有倒向的疏小刺或小刺毛。叶纸质，每轮6~10片，披针形、倒披针形或狭椭圆形，1脉，近无柄。圆锥花序式的聚伞花序腋生或顶生，多花，总花梗长，比叶长数倍，倒粗糙的；苞片椭圆形或长圆状披针形；花梗与花等长或较短于花，无毛；花冠白色，短漏斗形，花冠裂片4，与冠管等长或稍短；雄蕊4枚，伸出，着生在冠管顶端的裂片间；花柱与冠管等长，顶端2裂。果近球形，无毛，常具小瘤状凸起。花果期6~9月。

产宁夏六盘山，生于山谷林下、沟边、河滩、草地。分布于内蒙古、河北、山西、陕西、甘肃、青海、新疆和四川。

（5）车轴草 *Galium odoratum* (L.) Scop.

多年生草本。茎直立，少分枝，具4角棱，无毛，仅在节上具一环白色刚毛。叶纸质，6~10片轮生，倒披针形、长圆状披针形或狭椭圆形。聚伞花序顶生；苞片在花序基部4~6片，在分枝处常成对，披针形；花梗与总花梗均无毛；花冠白色或蓝白色，短漏斗状，花冠裂片4，长圆形，比冠管长；雄蕊4枚，具短的花丝；花柱短，2深裂，柱头球形。果爿双生或单生，球形，密被钩毛。花果期6~9月。

产宁夏六盘山，生于山地林中或灌丛。分布于甘肃、黑龙江、吉林、辽宁、青海、山东、山西、四川和新疆。

（6）细毛拉拉藤 *Galium pusillosetosum* Hara

多年生草本。茎簇生，纤细，基部常匍匐，上部直立，具4角棱，被疏硬毛，稀近无毛，无皮刺。叶纸质，每轮4~6片，倒披针形、披针形或狭椭圆形，顶端具硬尖或有短尖头，基部渐狭或阔楔形，两面疏被硬毛或仅下面中脉和边缘有倒向的刺毛，1脉，近无柄或具短柄。聚伞花序腋生或顶生，短而小，少花，常1~3花；苞片叶状；花小；花梗叉开，无毛；花冠淡紫色，黄绿色或白色，辐状，花冠裂片4，卵形，顶端锐尖，在内面上部粗糙；雄蕊4枚；子房被紧贴的白色硬毛，花柱2，柱头头状。果近球形，散生钩毛。花果期5~8月。

产宁夏贺兰山，生于海拔2150~3500m山坡、沟边、荒地、草地。分布于内蒙古、陕西、甘肃、青海、新疆、四川、西藏。

（7）猪殃殃 *Galium spurium* L.

一年生草本。茎蔓生或攀缘，由基部开始多分枝，四棱形，被倒生小刺。叶 6~8 片轮生，线状倒披针形，先端钝，具小突尖，全缘，边缘具倒生小刺，表面疏被短刺毛，背面无毛，沿脉被倒生小刺，具 1 脉。聚伞花序腋生，单生或 1~3 个簇生；花梗纤细；花萼被钩状毛，萼檐截形；花冠黄绿色，4 深裂；雄蕊 4；花柱 2 深裂达基部。果为 1~2 个近球形的果爿，密被钩状刺毛。花期 5~6 月，果期 7~8 月。

产宁夏六盘山、南华山及隆德等县，生于山坡、路边或田边。我国南北各地均有分布。

（8）蓬子菜 *Galium verum* L.

多年生草本。茎直立，四棱形，被短柔毛。叶 6~10 片轮生，线形，先端尖，基部渐狭，边缘反卷，具短硬毛，具 1 条脉，上面凹陷，背面明显隆起，无叶柄。聚伞花序组成顶生圆锥花序；萼筒小，无毛；花冠黄色，4 深裂，裂片卵形，先端钝；雄蕊 4，花柱 2 深裂达中部以下，柱头头状。果爿双生，近球形，无毛。花期 7 月。果期 8~9 月。

产宁夏贺兰山、六盘山、罗山、香山、南华山及盐池、固原、隆德等市（县）。生于山坡、河谷草地、田边。分布于安徽、甘肃、河北、黑龙江、河南、湖北、江苏、吉林、辽宁、内蒙古、青海、陕西、山东、山西、四川、新疆、西藏和浙江。

一一七 龙胆科 Gentianaceae

1. 百金花属 *Centaurium* Hill.

百金花 *Centaurium pulchellum* (Sw.) Druce var. *altaicum* (Griseb.) Kitag. & H. Hara

一年生草本。根圆柱状。茎纤细，呈假二歧分枝，具 4 条纵棱，无毛。叶对生，茎基部的叶长椭圆形，基部宽楔形，全缘，茎生叶披针形，先端渐尖；无叶柄。二歧聚伞花序松散；花梗细，具纵棱；花萼筒形，5 深裂，裂片线状披针形，边缘膜质；花冠高脚碟状，白色或淡红色，花冠筒细长，裂片 5，卵状椭圆形；雄蕊 5，着生于花冠喉部，扭转；子房上位，花柱柱头 2 裂。蒴果圆柱形；种子小，黑褐色。花果期 6~8 月。

产宁夏银川市及贺兰山，生于低洼湿地、荒地及池沼边。分布于东北、华北、华东及西北。

2. 龙胆属 *Gentiana* L.

（1）达乌里秦艽 *Gentiana dahurica* Fisch.

多年生草本。根粗壮，长圆锥形，浅黄棕色。茎微四棱形，基部为残叶纤维所包围。基生叶披针形，全缘，具 3~5 条脉；茎生叶较小，线状披针形，基部合生，抱茎。聚伞花序顶生或叶腋生，1~3 朵花；花萼钟形，顶端 5 裂，裂片线形；花冠筒状钟形，蓝色，5 裂，裂片卵形，褶三角形，边缘具齿状缺刻；雄蕊 5，着生于花冠筒中部；子房上位，花柱短，柱头 2 裂。蒴果倒卵状长椭圆形，无柄。花期 7 月，果期 8~9 月。

产宁夏六盘山、南华山、香山、罗山、贺兰山以及盐池、彭阳、隆德、固原市原州区、西吉等市（县），生于山坡草地。分布于河北、内蒙古、青海、陕西、山东、山西和四川。

（2）秦艽 *Gentiana macrophylla* **Pall.**

多年生草本。根粗壮，长圆锥形。茎基部为残叶纤维所包围。基生叶较大，披针形，先端钝尖，全缘，有 5~7 条脉；茎生叶较小，披针形，下部者为狭卵形，基部合生，抱茎。聚伞花序簇生于茎顶或上部叶腋，呈头状或轮状，无梗；花萼膜质，一侧开裂；花冠筒状钟形，蓝紫色，裂片 5，直立，卵形，先端急尖，褶三角形；雄蕊 5，生于花冠筒中部；子房无柄，花柱短，柱头 2 裂。蒴果长椭圆形。花期 7~8 月，果期 8~9 月。

产宁夏六盘山、贺兰山及南华山，多生于山坡草地及林缘。分布于河北、内蒙古、陕西、山东和山西。

（3）假水生龙胆 *Gentiana pseudoaquatica* **Kusn.**

一年生矮小草本。茎细弱，分枝，近无毛。基生叶较大，卵圆形，先端急尖，具芒尖，边缘软骨质；茎生叶较小，狭倒卵形，基部合生，抱茎，无柄。花单生茎顶；花萼钟形，5 裂，裂片披针形，先端具芒尖，边缘软骨质，背面具棱；花冠钟形，蓝色，顶端 5 裂，裂片卵形，先端尖，褶三角形；雄蕊 5，着生于花冠筒中部，花丝丝形；子房上位，花柱短，柱头 2 裂。蒴果倒卵状椭圆形，具长柄。花期 5~7 月，果期 7~8 月。

产宁夏六盘山、南华山和贺兰山，生于山坡草地、沟谷灌丛下。分布于河北、内蒙古、青海、陕西、山东、山西和西藏。

（4）管花秦艽 Gentiana siphonantha Maxim. ex Kusn.

多年生草本，全株光滑无毛。须根数条扭结成一圆柱形根。枝少，基生叶线形；茎生叶与基生叶相似，较小，无柄。花多数，无花梗，簇生于茎顶及上部叶腋中，呈头状和轮状；花萼小，长为花冠的 1/4，萼筒常带紫红色，萼齿不整齐，丝形；花冠筒状钟形，深蓝色，裂片矩圆形，褶狭三角形；雄蕊着生于花冠筒下部，整齐；子房具柄，花柱短，柱头 2 裂，裂片矩圆形。蒴果椭圆状披针形，具柄。花果期 7~9 月。

产宁夏南华山和罗山，生于灌丛、山坡草地。分布于甘肃、青海和四川。

（任飞　拍摄）

（5）鳞叶龙胆 *Gentiana squarrosa* Ledeb.

一年生矮小草本。茎细弱，多分枝，被短腺毛。基生叶较大，卵圆形，先端具芒尖，反卷，边缘软骨质；茎生叶较小，倒卵形，基部合生，抱茎。花单生茎顶；花萼钟形，5裂，裂片卵形，先端具芒尖，反折，边缘软骨质，背面具棱；花冠钟形，蓝色，5裂，裂片卵形，褶三角形；雄蕊5，着生于花冠筒中部；子房上位，花柱短，柱头2裂。蒴果倒卵形，2瓣开裂，果梗长，花萼宿存。花期5~7月，果期7~9月。

产宁夏六盘山、贺兰山、南华山和罗山，生于山坡草地。分布于河北、内蒙古、青海、陕西、山东和山西。

（6）麻花艽 *Gentiana straminea* Maxim.

多年生草本。根粗壮，长圆锥形。茎斜升，基部为残叶纤维所包围，圆柱形，无毛。基生叶披针形，全缘，具5条脉；茎生叶小，披针形，基部合生，抱茎。聚伞花序顶生和腋生；花萼膜质，一侧开裂；花冠筒状钟形，淡黄色，裂片5，三角状卵形，先端急尖，褶宽三角形，先端具短齿；雄蕊5，着生于花冠筒中部以下；子房上位，花柱极短，柱头2裂。蒴果椭圆状披针形。花期7月。

产宁夏南华山，生于海拔2500m左右的山坡草地。分布于甘肃、青海、湖北和西藏。

（7）条纹龙胆 *Gentiana striata* Maxim.

一年生草本。茎具纵棱，多从基部分枝。茎生叶无柄，长三角状披针形，先端渐尖，基部圆形，抱茎呈短鞘，下面沿中脉密被短柔毛。花单生茎顶，花萼钟形，萼筒具狭翅，萼裂片披针形，被短硬毛；花冠淡黄色，具黑色条纹，裂片卵形；雄蕊着生于花冠筒中部，有长短2型；子房矩圆形，具柄，花柱线形，柱头2裂。蒴果矩圆形，扁平，二瓣裂。花果期7~9月。

产宁夏六盘山及固原市原州区和隆德县，生于山坡草地或灌丛。分布于甘肃、青海和四川。

3. 獐牙菜属 *Swertia* L.

（1）獐牙菜 *Swertia bimaculata* (Sieb. et Zucc.) Hook. f. et Thoms. ex C. B. Clark

一年生草本，茎直伸，中部以上分枝。基生叶花期枯萎；茎生叶椭圆形或卵状披针形，先端长渐尖，基部楔形。圆锥状复聚伞花序疏散。花5数；花萼绿色，裂片窄倒披针形或窄椭圆形，先端渐尖或尖，基部窄缩，边缘白色膜质，常外卷；花冠黄色，上部具紫色小斑点，裂片椭圆形或长圆形，先端渐尖，基部窄缩，中部具2黄绿色、半圆形大腺斑；花丝线形，花柱短。蒴果窄卵圆形。种子被瘤状突起。花果期6~11月。

产宁夏六盘山，生于山坡草地、林下、沟谷。分布于安徽、福建、甘肃、广东、广西、贵州、海南、河北、河南、湖北、湖南、江苏、江西、陕西、山西、四川、西藏、云南和浙江。

（2）歧伞当药 *Swertia dichotoma* L.

一年生草本。茎斜升，细弱，四棱形，棱上具狭翅，中上部二歧分枝。基部叶匙形；茎生叶对生，卵形，下部叶具短柄，上部叶无柄。聚伞花序或单生，顶生或腋生；花梗细弱；花萼4深裂，裂片卵形，边缘具短缘毛；花冠白色或淡绿色，4深裂，花冠筒极短，裂片卵形，先端圆钝，基部具2腺洼，外缘具鳞片；雄蕊4，着生于花冠基部；子房具短柄，花柱短，柱头2裂。蒴果近球形；种子小，椭圆形，光滑。花果期5~7月。

产宁夏贺兰山、罗山及六盘山，生于石质河滩地或路边。分布于甘肃、河北、黑龙江、湖北、吉林、辽宁、内蒙古、青海、陕西、山东、山西、四川和新疆。

（3）北方獐牙菜 *Swertia diluta* (Turcz.) Benth. et Hook. f.

一年生草本。茎直立，多分枝，四棱形，棱上具狭翅，无毛。叶对生，披针形，全缘，反卷，具1条脉，无柄。聚伞花序；花梗细；花萼5深裂，裂片线状披针形，边缘稍反卷，具1脉；花冠淡紫色，5深裂近达基部，裂片狭卵形，先端尖，基部具2椭圆形腺洼，边缘具流苏状毛；雄蕊5，着生于花冠基部；子房无柄，圆柱形，与雄蕊等长，无花柱，柱头2瓣裂。蒴果卵圆形；种子近球形，平滑。花期8月，果期9月。

产宁夏罗山及固原市、海原和西吉等县，生于山坡草地。分布于甘肃、河北、黑龙江、吉林、辽宁、内蒙古、青海、陕西、山东、山西、四川和新疆。

（4）红直獐牙菜 *Swertia erythrosticta* Maxim.

多年生草本，具根状茎。茎直立，中空，具条棱，不分枝。基生叶花期枯萎，茎生叶对生，具柄，叶片卵状椭圆形，先端钝，基部渐狭成柄；叶柄基部成筒状抱茎。圆锥状复聚伞花序；花 5 数；花萼长为花冠的 1/2~2/3，裂片狭披针形，边缘狭膜质；花冠绿色，具红褐色斑点，裂片矩圆形，基部具 1 腺洼，边缘具流苏状毛；花丝基部具流苏状毛；子房无柄，花柱短，柱头 2 裂。蒴果卵状长圆形。花果期 8~10 月。

产宁夏六盘山和南华山，生于山坡草地、沟谷。分布于华北及甘肃、青海、四川、湖北等。

4. 翼萼蔓属 *Pterygocalyx* Maxim.

翼萼蔓 *Pterygocalyx volubilis* Maxim.

一年生缠绕草本。单叶对生，披针形，先端渐尖，基部宽楔形缘，叶脉 1~3 条；具短柄。花 4 数，单生或聚伞花序，顶生及腋生。花萼钟形，4 裂；花冠蓝色或白色，4 裂，裂片长圆形；雄蕊 4，生于花冠筒与裂片互生；子房具柄，1 室，胚珠多数；花柱柱头 2 裂，半圆状扇形，顶端鸡冠状。蒴果椭圆形，2 瓣裂。种子多数，盘状，具宽翅及蜂窝状网纹。花果期 8~9 月。

产宁夏六盘山和贺兰山，生于山坡林下及林缘。分布于河北、黑龙江、河南、湖北、吉林、内蒙古、青海、陕西、山西、四川、西藏和云南。

5. 扁蕾属　*Gentianopsis* Ma

（1）扁蕾 *Gentianopsis barbata* (Froel.) Ma

一年生草本。根细长圆锥形。茎直立，单生，四棱形，无毛。基生叶匙形；茎生叶披针形，全缘，两面无毛。花单生枝顶；花梗长短不等；花萼筒状钟形，具 4 棱，先端 4 裂，外对裂片较内对裂片长；花冠筒状钟形，蓝色或紫蓝色，先端 4 裂，椭圆形，两侧近基部边缘流苏状；雄蕊 4，着生于花冠中部，蜜腺 4，生于花冠筒基部；子房圆柱形，花柱不明显，柱头 2 裂。蒴果长椭圆形，具长柄，2 瓣开裂。花期 7~9 月，果期 8~10 月。

产宁夏六盘山、贺兰山、南华山、云雾山，生于山坡草地、林缘、灌丛。分布于甘肃、贵州、河北、黑龙江、吉林、辽宁、内蒙古、青海、陕西、山东、山西、四川、新疆、西藏和云南。

（2）湿生扁蕾 *Gentianopsis paludosa* (Hook. f.) Ma

一年生。根细。茎直立，四棱形，无毛。基生叶匙形，全缘，早枯萎；茎生叶卵状长椭圆形，无柄。花单生枝顶；花萼管状钟形，具 4 棱，长为花冠的一半，先端 4 裂，外对裂片与内对裂片等长；花冠筒状钟形，淡蓝色或白色，顶端 4 裂，裂片椭圆形，先端钝，两侧基部边缘成流苏状；雄蕊 4，着生于花冠筒中部；蜜腺 4，着生于花冠筒基部；子房长圆柱状，具长柄，柱头 2 裂。蒴果圆柱形，具长柄。花期 6~8 月，果期 8~9 月。

产宁夏贺兰山、罗山、南华山和月亮山，生于山坡、林缘草地或山坡荒地。分布于甘肃、河北、湖北、内蒙古、青海、陕西、山西、四川、西藏和云南。

6. 肋柱花属 *Lomatogonium* A. Br.

辐状肋柱花 *Lomatogonium rotatum* (L.) Fries ex Nym.

一年生草本。茎直立，近四棱形。叶无柄，狭披针形，先端急尖，基部钝，半抱茎。花 5 数，花梗四棱形；花萼裂片线形；花冠淡蓝色，具深色脉纹，裂片椭圆状披针形，基部两侧各具 1 腺窝，腺窝管形，边缘具不整齐的裂片状流苏；花丝线形；子房无柄，柱头小，三角形，下延至子房下部。蒴果狭椭圆形。花果期 7~9 月。

产宁夏固原市原州区、南华山和贺兰山，生于海拔 1800m 左右的山坡草地。分布于甘肃、贵州、河北、黑龙江、吉林、辽宁、内蒙古、青海、陕西、山东、山西、四川、新疆和云南。

（刘冰　拍摄）

7. 喉毛花属 *Comastoma* (Wettst.) Yoyokuni

（1）镰萼喉毛花 *Comastoma falcatum* (Turcz. ex Kar. et Kir.) Toyokuni

一年生草本。茎从基部分枝，分枝斜升。叶基生，叶片矩圆状匙形或矩圆形，先端钝或圆形，基部渐狭成柄，叶脉 1~3 条。花 5 数，单生分枝顶端；花萼绿色，长为花冠的 1/2，深裂近基部，常为卵状披针形，弯曲成镰状；花冠蓝色，深蓝色或蓝紫色，高脚杯状，冠筒筒状，喉部突然膨大，裂达中部，裂片矩圆形或矩圆状匙形，先端钝圆，全缘，开展，喉部具一圈副冠，副冠白色，10 束，流苏状裂片的先端圆形或钝，冠筒基部具 10 个小腺体；雄蕊着生冠筒中部；子房无柄，披针形，柱头 2 裂。蒴果狭椭圆形或披针形；种子褐色，近球形。花果期 7~9 月。

产宁夏贺兰山，生于海拔 2600~3400m 的山坡草地、林缘、灌丛或高山草甸。分布于甘肃、河北、内蒙古、青海、山西、四川、新疆和西藏。

（2）皱边喉毛花 *Comastoma polycladum* (Diels et Gilg) T. N. Ho

一年生草本。根纤细，淡黄棕色。茎纤细，四棱形，无毛，常带紫色，多分枝。基生叶长椭圆形，先端圆钝，基部渐狭成短柄，全缘，具 1 脉；茎生叶小，披针形，先端尖，基部渐狭，无柄。花单生茎顶；花萼钟形，5 深裂，裂片披针形，不等长，先端尖；花冠管状钟形，蓝色，花冠裂片 5，椭圆形，先端钝尖，基部具 2 流苏状鳞片；雄蕊 5；子房圆杜形，无花柱，柱头卵形。花期 7~8 月。

产宁夏罗山、南华山和贺兰山，生于山坡草地。分布于甘肃、青海、内蒙古和山西。

（3）喉毛花 *Comastoma pulmonarium* (Turcz.) Toyokuni

一年生草本。茎近四棱形。基生叶少数，矩圆形；茎生卵状披针形，半抱茎。聚伞花序或单花顶生；花 5 数；花萼开张，长为花冠的 1/4，深裂近基部；花冠淡蓝色，具深蓝色纵脉纹，筒形，浅裂，裂片直立，椭圆状三角形，喉部具一圈白色副冠，副冠 5 束，上部流苏状条裂，冠筒基部具 10 个小腺体；雄蕊着生于冠筒中上部；子房无柄，狭矩圆形，柱头

2 裂。蒴果无柄，椭圆状披针形；种子淡褐色，近圆球形，光亮。花果期 7~11 月。

产宁夏六盘山，生于河滩、山坡草地、林下灌丛及高山草甸。分布于甘肃、青海、陕西、山西、四川、西藏和云南。

（4）柔弱喉毛花 *Comastoma tenellum* (Rottb.) Toyokuni

一年生草本。茎从基部有多数分枝至不分枝，分枝纤细，斜升。基生叶少，匙状矩圆形，先端圆形，全缘，基部楔形；茎生叶无柄，矩圆形或卵状矩圆形，先端急尖，全缘，基部略狭缩，叶质薄。花常 4 数，单生枝顶；花萼深裂，裂片 4~5，不整齐，2 大 2 小，或 2 大，3 小；花冠淡蓝色，筒形，浅裂，裂片 4，矩圆形，先端稍钝，呈覆瓦状排列，互相覆盖，喉部具一圈白色副冠，副冠 8 束，冠筒基部具 8 个小腺体；雄蕊 4，着生于冠筒中下部；子房狭卵形，柱头 2 裂，裂片长圆形。蒴果略长于花冠，先端 2 裂；种子卵球形，扁平。

产宁夏贺兰山，生于海拔 2500~3500m 的林缘、灌丛或高山草甸。分布于新疆。

8. 假龙胆属　*Gentianella* Moench.

尖叶假龙胆 *Gentianella acuta* (Michx.) Hulten

一年生草本。茎直立，四棱形。基生叶早落，茎生叶无柄，披针形，先端急尖，基部稍宽。聚伞花序组成狭窄的总状圆锥花序；花5数；花梗四棱形；花萼长为花冠的1/2~2/3，深裂，萼筒浅钟形；花冠蓝色，狭圆筒形，裂片矩圆状披针形，先端急尖，基部有6~7条排列不整齐的流苏，冠筒基部有8~10个小腺体；雄蕊着生于花冠筒中部，花丝线形，基部下延成狭翅；子房无柄，圆柱形，花柱不明显。蒴果圆柱形。花果期7~9月。

产宁夏贺兰山，生于海拔1800~2500m的云杉林下、林缘、灌丛及低湿草地。分布于河北、黑龙江、吉林、辽宁、内蒙古、陕西、山东和山西。

（白瑜　拍摄）

9. 花锚属　*Halenia* Borkh.

椭圆叶花锚 *Halenia elliptica* D. Don.

一年生草本。根细长，圆柱形，淡黄棕色。茎直立，四棱形，沿棱具狭翅，分枝，无毛。叶对生，卵状长椭圆形，全缘，两面无毛，具5~9条脉；下部叶匙形，具柄，早枯萎。聚伞花序；花梗纤细；花萼4深裂，裂片狭卵形；花冠蓝紫色，4裂，裂片宽椭圆形，基部具1向外延伸的距；雄蕊4，着生于花冠筒上，花丝线形；子房无柄，卵形，无花柱，柱头2裂，裂片直立。蒴果卵形；种子小，多数，卵圆形，近平滑。

产宁夏六盘山、贺兰山、南华山及罗山，生于潮湿的山坡草地或山谷水沟边。分布于甘肃、贵州、湖北、湖南、辽宁、内蒙古、青海、陕西、山西、四川、新疆、西藏和云南。

一一八 夹竹桃科 Apocynaceae

1. 黄花夹竹桃属 *Thevetia* L.

黄花夹竹桃 *Thevetia peruviana* (Pers.) K. Schum.

小乔木，具乳汁。单叶互生，线状披针形，先端渐尖，基部渐狭，全缘，稍反卷，两面无毛；无柄。聚伞花序顶生；花梗长；花萼5深裂，裂片三角状卵形；花冠漏斗状，黄色，边缘5裂，花冠裂片较花冠筒长，喉部具5个被毛鳞片；雄蕊5，着生于花冠喉部，花丝丝状；子房无毛，心皮2，花柱线形，柱头2裂。核果扁三角状球形，未成熟时绿色，成熟时浅黄色，干时黑色。花期5~12月，果期8月至翌年春季。

原产美洲热带地区。我国南部各地均有栽培；银川市公园有盆栽。

2. 夹竹桃属　*Nerium* L.

欧洲夹竹桃 *Nerium oleander* L.

常绿灌木，含水液。叶3~4片轮生，枝下部叶对生，狭披针形，先端急尖，基部楔形，全缘，常反卷，背面具多数洼点；叶柄扁平，内具腺体。聚伞花序顶生；花萼5深裂，裂片披针形，无毛，里面基部具腺体；花冠漏斗状，5裂或为重瓣，粉红色或白色，副花冠鳞片状，顶端撕裂；雄蕊着生于花冠筒中部以上，花丝短，被长柔毛，花药箭头形；心皮2，离生，柱头近圆球形，先端凸尖。蓇葖果2，离生，无毛。花期几乎全年，栽培者很少结果。

宁夏多盆栽供观赏。我国各地均有栽培。

3. 罗布麻属　*Apocynum* L.

（1）白麻 *Apocynum pictum* Schrenk

半灌木。枝黄绿色，无毛。叶互生，线状披针形，具小尖头，基部楔形，边缘具骨质细齿，稍反卷；叶柄腋内具腺体。聚伞花序顶生，小苞片披针形，被短绒毛；花萼5深裂；花冠宽钟形，粉红色，5裂，裂片近圆形，副花冠着生在花筒基部，5裂；雄蕊5，着生于花冠筒基部；子房半下位，心皮2，离生，花柱圆柱状，柱头2裂。蓇葖果2，离生，圆柱形；种子长圆形，顶端具一簇白色种毛。花期7月，果期8~9月。

产宁夏中卫市，生于低洼盐碱荒地或池沼边。分布于甘肃、青海、新疆。

（贾留坤　拍摄）　（贾留坤　拍摄）

（2）罗布麻 *Apocynum venetum* L.

直立半灌木，具乳汁。枝条圆筒形，无毛，紫红色。叶对生，分枝处的叶常互生，卵状长椭圆形，边缘具骨质细齿；叶柄柄腋间具腺体。聚伞花序顶生；花梗被短柔毛；花萼5深裂，裂片椭圆状披针形，两面被短柔毛；花冠筒状钟形，紫红色，外面被短绒毛，先端5裂，裂片卵状椭圆形；雄蕊5，着生于花冠筒基部。蓇葖果2，叉生，圆柱形，紫红色，无毛；种子卵状椭圆形，顶端具一簇白色种毛。花期6~7月；果期8~9月。

宁夏引黄灌区普遍分布，生于盐碱荒地及沟渠旁。分布于甘肃、河北、河南、江苏、辽宁、内蒙古、青海、陕西、山东、山西、新疆和西藏。

4. 杠柳属 *Periploca* L.

杠柳 *Periploca sepium* Bge.

蔓生灌木，具乳汁。小枝对生，灰褐色。叶卵状披针形，全缘。聚伞花序叶腋生；花萼裂片卵圆形，里面基部具10个小腺体；花冠紫红色，花冠筒短，裂片长圆状披针形，中央加厚部分呈纺锤状，反折，里面被长柔毛；副花冠环状，10裂，其中5裂延伸成丝状，被短柔毛，顶端向内弯；雄蕊5，着生在副花冠里面，背面被长柔毛；子房上位，心皮2。蓇葖果2，圆柱形；种子多数，圆柱形，黑褐色，顶端具一簇白色种毛。花期5~6月；果期7~8月。

产宁夏银川、平罗、盐池、中卫、灵武、红寺堡等市（县）。生于沙质地或河边。除广东、广西、海南和台湾外，全国均有分布。

5. 鹅绒藤属　*Cynanchum* L.

（1）戟叶鹅绒藤（羊角子草）*Cynanchum acutum* L. subsp. *sibiricum* (Willd.) Rech. f.

草质藤本。根木质。茎缠绕，疏被短柔毛，节上被长柔毛。叶对生，三角状戟形，基部心状戟形，两耳圆形，两面被短柔毛；叶柄被短柔毛。聚伞花序叶腋生；花梗不等长，与总花梗均被柔毛；花萼 5 深裂，裂片狭卵形；花冠淡紫色或白色，5 深裂，裂片长椭圆形；副花冠杯状，5 浅裂，每裂片再 3 裂，比合蕊柱长。蓇葖果单生，披针形，表面被柔毛；种子长圆状卵形，顶端截平，具一簇白色种毛。花期 7 月，果期 8~9 月。

产宁夏平罗县和中卫市，生沙地。分布于甘肃、河北、内蒙古、新疆和西藏。

（2）白首乌 *Cynanchum bungei* Decne.

攀缘性半灌木。根茎块状，肉质。茎纤细，被微毛。叶对生，戟形，先端渐尖，基部心形，两面被糙硬毛。伞状聚伞花序腋生，花序较叶短；花萼裂片披针形；花白色，花冠裂片矩圆形；副花冠 5 深裂，裂片披针形，里面中间具舌状片；柱头基部五角形，顶端全缘。蓇葖果单生或双生，无毛。种子卵形，顶端具白绢质种毛。花期 7~8 月，果期 8~9 月。

产宁夏贺兰山及泾源县，生于山坡、荒地、灌丛及村舍附近。分布于甘肃、河北、辽宁、内蒙古、山东、山西和浙江。

（3）鹅绒藤 *Cynanchum chinense* R. Br.

多年生缠绕草本。根圆柱形。茎多分枝，灰绿色，被短柔毛。叶对生，宽三角状心形，两面均被短柔毛；叶柄被短柔毛。聚伞花序叶腋生；花梗与总花梗均被短柔毛；花萼5深裂，裂片披针形，背面被短柔毛；花冠白色，5深裂；副花冠杯状，顶端裂成10个丝状体，外轮5个与花冠裂片等长，内轮5个稍短；柱头近五角形，顶端2裂。蓇葖果1个发育，圆柱形，平滑无毛；种子矩圆形，压扁，顶端具一簇白色种毛。花期6~8月，果期8~9月。

宁夏全区普遍分布，多生于沙滩地、荒地及田边等。分布于甘肃、河北、河南、江苏、吉林、辽宁、青海、陕西、山东和山西。

（4）朱砂藤 *Cynanchum officinale* (Hemsl.) Tsiang & H. D. Zhang

木质藤本。嫩枝具单列毛。叶对生，卵形，先端渐尖，基部耳形。伞形状聚伞花序腋生，有花约10朵；花萼裂片外面被微毛，里面基部具5个腺体；花冠淡绿色或白色；副花冠肉质，5深裂，裂片卵形，里面中部具1枚圆形舌状片；花粉块每室1个，矩圆形，下垂；子房无毛，柱头略隆起，顶端2裂。蓇葖果通常单生；种子矩圆状卵形，顶端具白绢质种毛。花期6~8月，果期8~9月。

产宁夏固原市原州区，生于山坡灌丛或林缘。分布于安徽、甘肃、广西、贵州、湖北、湖南、江西、陕西、四川和云南。

（徐永福　拍摄）

（5）地梢瓜 *Cynanchum thesioides* (Freyn) K. Schum.

多年生草本。具横生的地下茎；地上茎铺散或斜升，密被白色短硬毛。叶对生，线形，全缘，向背面反卷，两面被短硬毛；近无柄。伞状聚伞花序腋生，花梗均密被短硬毛；花萼5深裂，裂片披针形，背面被白色短硬毛；花冠白色，5深裂，裂片椭圆状披针形，外面疏被短硬毛；副花冠杯状，5深裂，裂片狭三角形，先端尖；柱头扁平。蓇葖果单生，狭卵状纺锤形，被短硬毛；种子卵形，扁平，顶端具白色种毛。花期6~8月，果期7~9月。

产宁夏同心县以北地区，生于沙地、荒地及田埂。分布于甘肃、河北、黑龙江、河南、湖南、江苏、吉林、辽宁、内蒙古、陕西、山东、山西和新疆。

6. 萝藦属　*Metaplexis* R. Br.

萝藦 *Metaplexis japonica* (Thunb.) Makino

多年生草质藤本，具乳汁；茎圆柱状，下部木质化，上部较柔韧，表面淡绿色，有纵条纹，幼时密被短柔毛，老时被毛渐脱落。叶膜质，卵状心形，叶面绿色，叶背粉绿色，叶柄长，顶端具丛生腺体。总状式聚伞花序腋生或腋外生，花冠白色，有淡紫红色斑纹，近辐状，副花冠环状，着生于合蕊冠上；子房无毛，柱头延伸成1长喙，顶端2裂。蓇葖果叉生，纺锤形，平滑无毛。花期7~8月，果期9~12月。

产宁夏银川市，生于林带或公园。分布于东北、华北、华东和甘肃、陕西、贵州、河南和湖北等。

7. 白前属 *Vincetoxicum* Wolf

（1）竹灵消 *Vincetoxicum inamoenum* Maxim.

多年生直立草本。根须状。茎灰绿色，被短柔毛，中空。叶对生，卵状椭圆形，基部近心形至近圆形，仅沿叶脉被短柔毛，边缘具短缘毛；叶柄被短柔毛。聚伞花序叶腋生；花梗均被短柔毛；花萼5深裂，裂片线状披针形；花冠黄色或黄绿色，5裂，裂片卵状椭圆形；副花冠裂片狭三角形；柱头扁平。蓇葖果，狭披针状圆柱形，无毛或微被柔毛；种子椭圆形，扁平，顶端具白色长种毛。花期6~7月，果期7~8月。

产宁夏六盘山，生于林间草地、灌丛、林缘。分布于安徽、甘肃、贵州、河北、河南、湖北、湖南、辽宁、青海、陕西、山东、山西、四川、西藏和浙江。

（2）华北白前 *Vincetoxicum mongolicum* Maxim.

多年生直立草本。根须状。茎丛生，具纵条棱，无毛。叶对生，革质，椭圆状披针形，全缘，两面无毛；叶柄短，无毛。聚伞花序伞房状，叶腋生；花梗均无毛；花萼5深裂，裂片狭卵形；花冠暗紫红色，5深裂；副花冠黑紫色，5深裂，裂片肉质，倒卵状椭圆形，稍短于合蕊柱；柱头扁平。蓇葖果单生，狭披针状圆柱形，绿色，无毛；种子卵状椭圆形，扁平，顶端具白色种毛。花期6~7月，果期7~8月。

产宁夏同心县以北地区，生于沙地及干河床。分布于甘肃、河北、内蒙古、青海、陕西、山西和四川。

一一九　紫草科　Boraginaceae

1. 紫丹属　*Tournefortia* L.

砂引草 *Tournefortia sibirica* L.

多年生草本。茎具纵棱，密被白色长柔毛。叶披针形，全缘，两面密被平贴的白色长柔毛；无柄。伞房状聚伞花序顶生，密生白色长柔毛；花梗密生白色长柔毛；花萼钟形，5深裂，卵状披针形，背面密生白色柔毛；花冠漏斗形，白色，外面被白色长柔毛，顶端5裂，裂片近圆形；雄蕊5；子房圆锥形，花柱短，顶生，柱头2裂，基部环状膨大。果实矩圆状球形，先端平截，密被白色长柔毛。花期5~6月，果期6~8月。

产宁夏贺兰山及同心县以北地区，生于沙地、沟渠边、轻盐碱地及田边。分布于甘肃、河北、黑龙江、河南、甘肃、辽宁、内蒙古、陕西、山东和山西。

2. 聚合草属　*Symphytum* L.

聚合草 *Symphytum officinale* L.

多年生草本。茎直立或斜升，基部多分枝，被倒生硬毛或短伏毛。基生叶多数，具长柄；叶片宽披针形，先端渐尖，基部偏楔形，两面被硬毛，下面较密，全缘或波状。聚伞花序顶生，集成圆锥状，无苞片；花萼5，深裂至基部，裂片披针形，被短硬毛；花冠筒钟形，紫色或紫红色，檐部浅裂，喉部附属物披针形。小坚果斜卵圆形，光滑。花期6~7月，果期8~9月。

宁夏银川、贺兰、盐池等市（县）有栽培。原产俄罗斯欧洲部分及高加索地区。

3. 牛舌草属　*Anchusa* L.

狼紫草 *Anchusa ovata* Lehm.

一年生草本。根长圆锥形。茎具纵条棱，被开展的白色长硬毛。叶互生，基生叶匙形，先端圆钝，基部渐狭且下延成长柄，两面被短伏硬毛；茎生叶无柄，长椭圆形。单歧聚伞花序顶生；花梗被硬毛；花萼 5 深裂；花冠蓝紫色，裂片 5，宽椭圆形，喉部具 5 个附属物；雄蕊 5；子房 4 深裂，花柱柱头头状。小坚果 4，长卵形，具网状皱纹，密被小疣状突起，着生面位于腹面中部，边缘具环状突起。花期 6~7 月，果期 7~8 月。

产宁夏六盘山、南华山、香山及固原市各县，生于荒地、田间、村庄附近。分布于甘肃、海南、河北、内蒙古、青海、陕西、山西、新疆和西藏。

4. 软紫草属　*Arnebia* Forssk.

（1）灰毛软紫草 *Arnebia fimbriata* Maxim.

多年生草本。根圆柱形。茎基部分枝，被柔毛及灰白色刚毛。茎下部叶长椭圆状披针形，基部楔形，两面密生短柔毛及灰白色刚毛；无柄。蝎尾状单歧聚伞花序顶生；苞片线状披针形，两面密被短柔毛及灰白色刚毛；花梗极短；花萼 5 深裂，裂片线形，两面密生短柔毛及开展的刚毛；花冠高脚碟状，紫红色，花冠筒细长，顶端 5 裂；雄蕊 5，着生于花冠筒喉部者，花柱较短。小坚果 4，卵状三角形，具小疣状突起。花期 6~8 月，果期 7~9 月。

产宁夏贺兰山、麻黄山及平罗、银川、中卫、青铜峡等市（县），生于干旱山坡及沙质地。分布于内蒙古、甘肃和青海。

（2）黄花软紫草 *Arnebia guttata* **Bge.**

多年生草本。茎从基部分枝，全株密被短硬毛或柔毛。茎下部叶倒披针形，先端钝，基部狭楔形，两面被硬毛混生短柔毛。花序顶生，花密集，总花梗、苞片和花萼均密被短硬毛；花萼 5 裂，深裂；花冠黄色，常有紫色斑点，花冠筒细，檐部 5 裂，裂片宽卵形，密被短柔毛；花柱异长；雄蕊在长柱花中着生于花冠筒中部，在短柱花中着生于花冠筒的喉部；子房 4 裂。小坚果 4，卵状三角形，具疣状突起。花期 6~7 月，果期 8~9 月。

产宁夏贺兰山及中卫、中宁、同心等市（县），生于砾石滩地、荒漠中。分布于甘肃、河北、内蒙古、新疆和西藏。

（3）疏花软紫草 *Arnebia szechenyi* **Kanitz**

多年生草本。茎直立，多分枝，密被短柔毛，混生有开展的刚毛。叶矩圆形，基部楔形，全缘，两面密被短柔毛及刚毛，刚毛基部膨大成乳头状，无柄。单歧聚伞花序顶生，具花 2~5 朵；苞片矩圆形，密生短柔毛和刚毛；花梗短；花萼 5 深裂，裂片线形，密被短柔毛和刚毛；花冠高脚碟状，黄色，花冠筒细长，顶端 5 裂；雄蕊 5，着生于花冠筒中部者，花柱细长；着生于喉部者，花柱较短；子房 4 深裂。小坚果 4，卵形，具疣状突起。

产宁夏贺兰山及同心、中宁、中卫等市（县），生于干旱山坡上。分布于内蒙古、甘肃和青海。

5. 紫草属 *Lithospermum* L.

紫草 *Lithospermum erythrorhizon* Sieb. et Zucc.

多年生草本。根粗壮，暗紫红色。茎密被开展的白色硬毛。叶互生，披针形，先端渐尖，全缘，叶脉在背面隆起，两面密生短伏毛；无叶柄。单歧聚伞花序顶生；苞片与叶同形，较小；花梗短；花萼 5 深裂达近基部，裂片线形，密被白色硬毛；花冠白色，花冠筒顶端 5 裂，裂片宽椭圆形，先端钝圆，喉部具 5 个浅横突起；雄蕊 5；子房 4 深裂，柱头 2 裂。小坚果卵形，光滑。白色带褐色。花期 5~6 月，果期 6~7 月。

产宁夏六盘山和南华山，生于林缘草地或灌丛中。分布于甘肃、广西、贵州、河北、河南、湖北、湖南、江西、辽宁、陕西、山东、山西和四川。

6. 紫筒草属　*Stenosolenium* Turcz.

紫筒草 *Stenosolenium saxatile* (Pall.) Turcz.

多年生草本。全株被硬毛，毛基部膨大成乳头状。根圆柱形。茎多基部分枝。基生叶与茎下部叶线状倒披针形，先端圆，基部渐狭，全缘，两面密生白色长硬毛，无柄；茎上部叶线形。总状花序顶生；苞片叶状；花梗短；花萼 5 深裂，裂片线形；花冠蓝紫色，花冠筒细长，边缘 5 裂，裂片近圆形，先端圆；雄蕊 5，着生于花冠筒内近中部成螺旋状排列；子房 4 裂，花柱细长，先端 2 裂。小坚果三角状卵形。花期 5~6 月，果期 6~8 月。

产宁夏贺兰山、罗山及盐池、同心等县，生于石质山坡、沙地或路边。分布于甘肃、河北、黑龙江、吉林、辽宁、内蒙古、青海、陕西、山东和山西。

7. 糙草属　*Asperugo* L.

糙草 *Asperugo procumbens* L.

一年生草本。茎蔓生，淡棕褐色，中空，具纵条棱，棱上疏具短刚毛。茎下部叶长椭圆形，先端圆钝，基部楔形，两面被刚毛；茎上部叶较小，先端尖，无柄。花小，具短梗；花萼 5 深裂，裂片线状披针形，近等大，果期 2 片强烈增大，呈蚌壳状包着小坚果，掌状浅裂，被细刚毛；花冠紫色，裂片 5，圆形，花冠筒喉部具 5 个半圆形凸起体。小坚果 4，长卵形，具小疣状突起，着生面位于果之中上部。花期 5 月，果期 6~7 月。

产宁夏六盘山和贺兰山，生于荒地、田边、路旁或草地。分布于甘肃、内蒙古、青海、陕西、山西、四川和新疆。

8. 鹤虱属 *Lappula* Moench

（1）蓝刺鹤虱 *Lappula consanguinea* (Fisch. et Mey.) Gurke

一年生或二年生草本。茎直立，全株密被开展或贴伏硬毛。基生叶线状披针形，基部渐狭，具长柄，茎生叶较小，无柄。单歧聚伞花序顶生；苞片披针形；花萼5深裂至基部，裂片线状披针形，果期增大开展；花冠淡蓝色，钟形，檐部5裂，喉部具5个凸起的附属物；子房4裂，柱头头状。小坚果4，尖卵形，背面具颗粒状突起，边缘具3行锚状刺，内行刺细长，中行刺稍短，棒状，外行刺极短，仅生于小坚果腹面下部。花果期6~8月。

产宁夏六盘山及泾源、灵武、盐池等市（县），生于沙地、砾石滩地及干旱山坡。分布于甘肃、河北、内蒙古、青海和新疆。

（2）蒙古鹤虱 *Lappula intermedia* (Ledeb.) Popov

一年生草本。茎直立，常单一，中部以上分枝，密被糙伏毛；茎生叶线形，常沿中肋稍内折，先端钝，两面被具基盘糙硬毛；花梗直伸；花萼5深裂，裂片线形，开展；花冠筒状，喉部稍缢缩，冠檐裂片长圆形，附属物生于花冠筒中部稍上；雌蕊基不高出小坚果；小坚果宽卵圆形，背盘卵形，被颗粒状突起，边缘具1行锚状刺，基部稍宽，腹面常具皱纹。花果期5~8月。

分布于宁夏贺兰山，生于低山砾石质坡地。分布于甘肃、河北、黑龙江、吉林、辽宁、内蒙古、青海、陕西、山东、山西、四川和新疆。

（3）劲直鹤虱 *Lappula stricta* (Ledeb.) Gurke

一年生草本。根长圆锥形。茎直立密被白色细糙毛。基生叶倒披针形，基部下延成长柄，两面被灰白色长硬毛，毛基部膨大成乳头状；茎生叶线形，基部渐狭；无柄。单歧聚伞花序顶生；苞片线形，两面密被平伏灰白色长硬毛；花梗密被毛；花萼 5 深裂，两面密被硬糙毛；花冠蓝色，花冠筒喉部具 5 个附属物，花冠裂片 5；雄蕊 5；子房 4 裂，花柱柱头头状。小坚果 4，卵形。边缘具 1 行锚状刺，花期 5~6 月，果期 6~7 月。

产宁夏南华山及中卫市，生于干旱山坡及沟谷河滩地。分布于甘肃、内蒙古和新疆。

9. 齿缘草属　*Eritrichium* Schrad.

（1）北齿缘草 *Eritrichium borealisinense* Kitag.

多年生草本。全株密被绢状毛，呈灰白色。茎密集丛生，不分枝或上部分枝。基生叶丛生，倒披针形，先端锐尖，基部楔形，具长柄，茎生叶小，无柄。单歧聚伞花序顶生；苞片线状披针形；花萼 5 裂，裂片矩圆状披针形，花冠蓝色，檐部 5 裂，裂片近圆形，喉部附属物稍伸出喉外；子房 4 裂，柱头扁球形。小坚果稍扁，背面微凸，密生疣状突起和短硬毛，棱缘具 1 行彼此分离的锚状刺，腹面有龙骨状突起。花果期 7~9 月。

产宁夏贺兰山，生于海拔 1800~2500m 的林缘、草地、沟谷、河滩地。分布于辽宁、河北、内蒙古和山西。

（2）**少花齿缘草** *Eritrichium pauciflorum* (Ledeb.) DC.

多年生草本。根长圆锥形，黑褐色。茎基部具短分枝，呈垫状，与叶、花萼均被平伏的灰白色柔毛并混生有刚毛。基生叶多数丛生，线状倒披针形，具长柄；基生叶线状倒披针形，无柄。单歧聚伞花序顶生；苞片椭圆形；花萼 5 深裂，裂片倒卵状长椭圆形；花冠蓝色，喉部具 5 个附属物，裂片 5，宽倒卵形；雄蕊 5，着生于花冠筒中部；子房 4 裂，柱头头状。小坚果陀螺形，具小疣状突起和毛，棱缘具三角形小齿。花期 6~7 月，果期 7~8 月。

产宁夏贺兰山、罗山、香山、南华山、六盘山，生于干旱山坡。分布于河北、甘肃、内蒙古和山西。

（3）**假鹤虱** *Eritrichium thymifolium* (DC.) Lian et J. Q. Wang

一年生草本。全株密被细伏毛，呈灰白色。茎直立，中部以上分枝。基生叶和茎下部叶匙形，先端钝圆，基部渐狭成柄，茎生叶线形。单歧聚伞花序顶生，呈总状；花萼 5 裂，裂片线状披针形，外面被伏毛，花期直立；花冠蓝色或蓝紫色，筒状钟形，檐部 5 裂，裂片矩圆形，喉部具 5 个附属物；子房 4 裂，花柱短。小坚果卵形，背面被疏微毛，棱缘具 1 行锚状刺，基部稍宽接合成翅，腹面具龙骨状突起。花果期 6~8 月。

产宁夏贺兰山，生于石质山坡、砾石滩地。分布于甘肃、黑龙江、内蒙古、新疆和西藏。

10. 附地菜属　*Trigonotis* Stev.

（1）附地菜 *Trigonotis peduncularis* (Trev.) Benth. ex Baker et Moore

一年生草本。茎自基部分枝，成丛生状，纤细，被平伏短硬毛。基生叶倒卵状椭圆形，先端圆钝，基部渐狭，两面被平伏短硬毛；茎下部叶与基生叶相似，茎上部叶椭圆状披针形；无柄。单歧聚伞花序顶生，细长，无苞片；花梗细，被平伏灰白色短硬毛；花萼 5 深裂，裂片椭圆状披针形，先端尖，被平伏短硬毛；花冠蓝色，花冠筒黄色，喉部具 5 个附属物，裂片 5，近圆形。小坚果 4，四面体形，被短柔毛。花期 5~7 月，果期 6~8 月。

产宁夏六盘山及固原市，生于林缘草地、田边、路旁。分布于福建、甘肃、广西、河北、黑龙江、江西、吉林、辽宁、内蒙古、陕西、山东、山西、新疆、西藏和云南。

（2）钝萼附地菜 *Trigonotis peduncularis* (Trev.) Benth. ex Baker et Moore var. *amblyosepala* (Nakai & Kitag.) W. T. Wang

一年生草本。茎自基部多分枝，被伏硬毛。茎下部叶匙形，先端钝，基部楔形，两面被伏硬毛。单歧聚伞花序顶生，仅在基部有苞片，苞片椭圆形，两面被伏硬毛；花梗细，密被短伏毛；花萼 5 裂，裂片倒卵状长圆形，先端钝圆，被短伏毛；花冠裂片宽倒卵形，蓝色，喉部黄色，具 5 个附属物，花冠筒具 5 条白色脉纹。小坚果卵形，四面体状，被短毛。花期 6~7 月，果期 8~9 月。

产宁夏六盘山、南华山，生于海拔 1800~2500m 的林缘、草地、灌丛。分布于河北、内蒙古、陕西、山东和山西。

11. 车前紫草属　*Sinojohnstonia* Hu

短蕊车前紫草 *Sinojohnstonia moupinensis* (Franch.) W. T. Wang

多年生草本。根状茎短。茎丛生，不分枝，柔软，被开展的长硬毛。基生叶心状卵形，基部浅心形，全缘，两面被平伏短硬毛；具长柄，柔软，被平伏的倒生硬毛；叶柄短。聚伞花序顶生，不分枝；花梗密被浅棕色硬毛；花萼5深裂；花冠蓝紫色，花冠筒短，喉部具5个肾形附属物，裂片5，宽倒卵形，顶端圆钝；雄蕊5，花丝短，着生于花冠筒中部以上，内藏；子房4裂，花柱短，柱头头状。小坚果，黑褐色。花期5~6月。

产宁夏六盘山，生于林缘潮湿处或林下。分布于甘肃、湖北、湖南、陕西、山西、四川和云南。

12. 微孔草属　*Microula* Benth.

（1）微孔草 *Microula sikkimensis* (Clarke) Hemsl.

一年生草本。茎直立，上部分枝，具纵条棱，被开展的灰白色长硬毛。基生叶椭圆形，茎生叶卵形，叶两面均被平伏短硬毛；最上部叶无柄。单歧聚伞花序顶生；花萼5深裂，裂片披针形，两面被毛，边缘密生灰白色长硬毛；花冠蓝色，花冠筒喉部具5个附属物，裂片5；雄蕊5，内藏；子房4裂，柱头头状。小坚果宽倒卵形，具疣状小突起，背面中上部具环状突起。花期5~6月，果期7~8月。

产宁夏六盘山，生于林下。分布于甘肃、青海、陕西、四川、西藏和云南。

（2）长叶微孔草 _Microula trichocarpa_ (Maxim.) Johnst.

二年生草本。根状茎短。茎直立，具纵条棱，被开展的灰白色长硬毛。基生叶长椭圆形，叶柄被开展的长硬毛；茎生叶长椭圆状倒披针形，无柄，叶两面均被平伏短硬毛。单歧聚伞花序顶生；苞片卵状披针形；花梗短；花萼5深裂，边缘密被灰白色长硬毛；花冠蓝色，花冠筒喉部具5个附属物，裂片5；雄蕊5；子房4裂，花柱柱头头状。小坚果2~4个，宽倒卵形，具疣状小突起，背面具环状突起。花期7月，果期8~9月。

产宁夏六盘山，生于山谷草地或林缘湿地。分布于陕西、甘肃、四川和青海。

13. 斑种草属　_Bothriospermum_ Bge.

（1）狭苞斑种草 _Bothriospermum kusnezowii_ Bge.

一年生草本。密被硬毛。茎丛生。基生叶莲座状，叶片倒披针形，先端钝，基部渐狭成柄，两面被硬毛和短伏毛，上面多为具基盘的硬毛，边缘具不规则小牙齿。花序总状；花萼5裂近基部，密被硬毛和短伏毛；花冠钟形，蓝色或蓝紫色，筒部檐部5裂，裂片近圆形，喉部具5个顶端2裂的附属物；花柱长为花冠筒的一半，柱头头状。小坚果肾圆形，密被疣状突起，腹面具1圆形凹陷。花期5~6月，果期8月。

产宁夏贺兰山及盐池县，生于林缘、山坡草地和田旁。分布于甘肃、河北、黑龙江、吉林、内蒙古、青海、陕西和山西。

（2）多苞斑种草 *Bothriospermum secundum* **Maxim.**

一年生或二年生草本。茎直立，全株被白色短伏毛或糙毛。基生叶具长柄，叶片倒卵状匙形，具小尖头，基部渐狭成柄，两面被硬毛；茎生叶向上渐小，长圆形，上部叶无柄。总状花序；苞片叶状；花萼5深裂，裂片线状披针形，外面密被糙毛；花冠蓝色，5裂，裂片卵圆形，喉部有5个附属物，先端微凹；雄蕊5，花丝短；子房4裂，花柱短。小坚果4，肾形，密生疣状突起，腹面具1长椭圆凹陷。花期5~6月，果期7月。

产宁夏六盘山，生于山坡草地、路边、灌丛、林缘。分布于甘肃、河北、黑龙江、江苏、吉林、辽宁、陕西、山东、山西和云南。

14. 琉璃草属　*Cynoglossum* L.

（1）大果琉璃草 *Cynoglossum divaricatum* **Steph. ex Lehm.**

二年生或多年生草本。根长圆锥形。茎直立，上部多分枝密被短硬伏毛。基生叶和茎下部叶长椭圆状披针形，基部渐狭且下延成长柄；茎上部叶披针形，基部渐狭，两面密被短硬伏毛；无柄。单歧聚伞花序顶生，长达15cm；花萼5裂，裂片卵形；花冠蓝色或紫红色，顶端5裂，裂片近方形，花冠筒喉部以下具5个附属物；雄蕊5；子房4深裂，花柱圆锥状，柱头头状。小坚果4，扁卵形，密被锚状刺。花期6~7月，果期8~9月。

产宁夏泾源及灵武等市（县），生于田边、路旁或沙地上。分布于甘肃、河北、黑龙江、吉林、辽宁、内蒙古、陕西、山东、山西和新疆。

（2）**甘青琉璃草** *Cynoglossum gansuense* Y. L. Liu

多年生草本。茎直立，全株被贴伏或开展的具基盘硬毛。基生叶和茎生叶有柄；叶片狭披针形，基部渐狭成柄，上面密生短伏毛和具基盘的硬毛，下面密生灰柔毛。花序顶生和腋生，成锐角二叉状分开，总集成稍紧凑的圆锥状花序；苞片披针形；花萼5深裂达基部；花冠蓝色，檐部5裂，喉部具5个附属物。小坚果卵形，密被锚状刺，边缘增厚隆起，无翅边，背面微凹，腹面顶端有卵形着生面。花果期6～9月。

产宁夏泾源、隆德等县，生于山坡草地、林缘。分布于甘肃、青海和四川。

（3）**倒钩琉璃草** *Cynoglossum wallichii* G. Don var. *glochidiatum* (Wall.ex Benth.) Kazmi

二年生草本。茎直立，具纵棱，密被贴伏毛和具吸盘的硬毛。基生叶和茎生叶有柄；叶片披针形，基部渐狭成柄，下面被伏毛；茎中上叶逐渐变小，无柄或近无柄。花序叉状分枝，无苞片，花序在果期伸长呈总状；花小，花萼5深裂；花冠钟形，蓝色或蓝紫色，檐部裂片圆形，喉部有5个附属物；花丝短。小坚果卵形，背面中央具显著的龙骨状突起，仅沿龙骨状突起具锚状刺，边缘锚状刺基部稍扩展，相互连合成狭翅边。花果期5～8月。

产宁夏六盘山西峡和固原市原州区，生于海拔1300～1800m的林缘草地、山谷路旁。分布于甘肃、青海、四川和云南。

15. 盾果草属 *Thyrocarpus* Hance

弯齿盾果草 *Thyrocarpus glochidiatus* Maxim.

茎1条至数条，细弱，斜升或外倾，常自下部分枝，有伸展的长硬毛和短糙毛。基生叶有短柄，匙形或狭倒披针形，两面都有具基盘的硬毛；茎生叶较小，无柄，卵形至狭椭圆形。苞片卵形至披针形，花生苞腋或腋外；花萼裂片狭椭圆形至卵状披针形，先端钝，两面都有毛；花冠淡蓝色或白色，与萼几等长，筒部比檐部短1.5倍，檐部裂片倒卵形至近圆形，稍开展，喉部附属物线形，先端截形或微凹；雄蕊5，着生花冠筒中部，内藏，花丝很短，花药宽卵形。小坚果4，黑褐色，外层突起色较淡，齿长约与碗高相等，齿的先端明显膨大并向内弯曲，内层碗状突起显著向里收缩。花果期4~6月。

产宁夏银川市，生于山坡草地、田埂、路旁等处。分布于安徽、甘肃、广东、河南、江苏、江西、陕西和四川。

一二〇 旋花科 Convolvulaceae

1. 菟丝子属 *Cuscuta* L.

（1）南菟丝子 *Cuscuta australis* R. Br.

一年生寄生草本。茎缠绕，黄色，纤细，无叶。头状花序具多花；花萼杯状，5裂，裂片卵圆形，先端急尖或钝；花冠乳白色或淡黄色，杯状，5裂，裂片宽卵形，与花冠筒近等长，宿存；雄蕊着生于花冠裂片凹缺处，较花冠裂片稍短或近等长；鳞片小，边缘流苏状毛少；子房扁球形，花柱2，分离，柱头头状，等长。蒴果扁球形，下半部为宿存花被所包，成熟时不规则开裂。花期6~7月，果期8~9月。

宁夏全区分布，生于田边、路旁，为常见有害杂草，多寄生于亚麻、大豆或植物上。分布于安徽、福建、甘肃、广东、广西、贵州、海南、河北、黑龙江、河南、湖北、湖南、江苏、江西、吉林、辽宁、内蒙古、青海、陕西、山东、山西、四川、台湾、新疆、云南和浙江。

（2）**菟丝子** *Cuscuta chinensis* Lam.

　　一年生寄生草本。茎细弱，缠绕，黄色，无叶。花多数，簇生，白色或黄白色，近无梗；苞片与小苞片小，鳞片状；花萼杯状，中部以下连合，先端5裂，裂片卵圆形，花冠壶状，长几为花萼长的2倍，先端5裂，裂片卵圆形，向外反折，宿存；雄蕊5，花丝短；鳞片长圆形，边缘流苏状；子房扁球形，2室，每室含2胚珠，花柱2，直立，柱头头状。蒴果球形，为宿存花被几乎完全包被，成熟时盖裂。花期7~8月，果期8~10月。

　　宁夏全区分布，多生于山坡、路边、田间，常寄生于大豆、亚麻、野西瓜苗及蒿属植物上。分布于全国。

（3）**欧洲菟丝子** *Cuscuta europaea* L.

　　一年生寄生草本。茎细弱，红紫色或淡红色，缠绕，无叶。头状花序具多花，无或几无花梗；苞片矩圆形；花萼碗状，4~5裂，裂片卵状矩圆形；花冠淡红色，杯形，花冠裂片与花萼裂片同数，裂片三角状卵形，向外反折，宿存；雄蕊着生于花冠中部，与花冠裂片互生；鳞片倒卵圆形；子房扁球形，2室，每室含2胚珠，花柱2，叉状，柱头棒状。蒴果球形，成熟时稍扁；种子2~4粒，淡褐色。花期7~8月，果期8~9月。

宁夏全区分布，生于山地、路边、田间，多寄生于蒿属植物及大豆上，为常见田间有害植物。分布于甘肃、黑龙江、内蒙古、青海、陕西、山西、四川、新疆、西藏和云南。

（4）金灯藤 Cuscuta japonica Choisy

一年生寄生草本。茎较粗壮，黄色，常带紫红色瘤状斑点。无叶。花序侧生，多分枝。花无梗或有短梗；苞片鳞片状，卵圆形，先端尖；花萼碗状，5裂，裂片卵圆形，先端钝尖，常有紫红色瘤状斑点；花冠钟形，白色或带粉红色，5裂，裂片卵状三角形，先端钝；雄蕊5，花药卵圆形；鳞片边缘流苏状；子房2室，花柱单一，柱头2裂。蒴果卵圆形，近基中盖裂。花期8~9月，果期9~10月。

产宁夏南部山区，寄生于草本植物上。我国南北各地均有分布。

2. 旋花属 *Convolvulus* L.

（1）银灰旋花 Convolvulus ammannii Desr.

多年生矮小草本。全株密被银灰色绢毛。茎平卧或上升。叶互生，基部的叶倒披针形，上部叶线形。花单生枝端，具细花梗；萼片 5，不等大，外面密被银灰色绢毛，外萼片矩圆形，内萼片较宽，宽卵圆形，先端具尾尖；花冠漏斗形，白色、淡玫瑰色，花冠外瓣中带密被银灰色绢毛，褶内无毛，冠檐 5 浅裂；雄蕊 5，较雌蕊短；雌蕊子房被毛，柱头 2，线形。蒴果球形，2 裂；种子卵圆形，淡红褐色，光滑。花期 6~9 月，果期 9~10 月。

宁夏全区分布，生于山坡、草地及沙质地。分布于甘肃、河北、黑龙江、河南、吉林、辽宁、内蒙古、青海、陕西、山西、四川、新疆和西藏。

（2）田旋花 *Convolvulus arvensis* L.

多年生草本。茎细弱，基部分枝，蔓性或缠绕，具棱角或条纹。叶互生，三角状卵形，具小刺尖，基部戟形。花序腋生，具 1 花；苞片 2，线形；萼片 5，不等大，2 外萼片长圆状椭圆形，内萼片近圆形，较外萼片稍短；花冠宽漏斗形，白色或粉红色，冠檐 5 浅裂；雄蕊 5，4 长 1 短，基部扩大，具小鳞片，花药黄色；雌蕊与雄蕊近等长，子房被毛，柱头 2。蒴果卵状球形，无毛。花期 6~8 月，果期 7~9 月。

宁夏全区普遍分布，生于田间、荒地、路旁及村庄附近，为常见田间杂草。分布于东北、华北、西北及山东、河南、江苏、四川、西藏等。

（3）鹰爪柴 *Convolvulus gortschakovii* Schrenk.

半灌木。具多少成直角开展而密集的分枝；小枝灰黄色，具短而硬的刺；枝条、小枝和叶均密被贴生银灰色绢毛。叶倒披针形。花单生于短侧枝上，侧枝末端常具2个对生小刺；花梗短；萼片5，两面被银灰色绢毛，2外萼片宽卵圆形，中部隆起，边缘近膜质，显著宽于3个内萼片；花冠漏斗状，玫瑰色；雄蕊5，短于花冠；子房圆锥形，被长毛，柱头2裂，长于雄蕊而短于花冠；花盘环状。蒴果宽椭圆形。花期7~8月，果期8~9月。

产宁夏石嘴山及平罗等市（县），生于石质干旱山坡及荒漠。分布于内蒙古、陕西、甘肃、新疆等。

（4）刺旋花 *Convolvulus tragacanthoides* Turcz.

半灌木。全株被银灰色丝状毛。茎铺散呈垫状，多分枝；小枝坚硬具刺，节间短。叶互生，狭倒披针形，先端钝，基部渐狭，无柄。花单生或2~3朵集生于枝顶，花梗短粗；萼片椭圆形，顶端具小尖头；花冠漏斗状，粉红色，具5条密生棕黄色长毛的瓣中带，冠檐5浅裂；雄蕊5，不等长，花丝丝状，基部扩大，长为花冠的一半；子房被毛，花柱丝状，柱头2，线形，长于雄蕊。蒴果圆锥形，被毛。花期6~9月，果期8~10月。

产宁夏贺兰山、罗山、香山和西华山，生于山前砾石滩地及干旱山坡上。分布于内蒙古、陕西、甘肃、新疆、四川等。

3. 打碗花属　*Calystegia* R. Br.

（1）打碗花 *Calystegia hederacea* Wall.

一年生矮小草本。全体无毛。茎缠绕或平卧。基部叶片三角状卵形，茎上部叶片 3 裂，中裂片长圆形，侧裂片近三角形；叶柄不等长。花单生叶腋；苞片 2，宽卵圆形，包住花萼，宿存；萼片 5，近等长，长圆形；花冠漏斗形，淡紫色或淡红色；雄蕊 5，近等长；子房无毛，花柱细长，柱头 2 裂，裂片矩圆形。蒴果卵圆形，光滑；种子卵圆形，黑褐色，表面有小疣。

宁夏全区普遍分布，生于田间、荒地、路边，为常见田间杂草。全国各地均有分布。

（2）欧旋花 *Calystegia sepium* (L.) R. Br. subsp. *spectabilis* Brummitt

多年生草本。除萼片及花冠外全体被毛。茎多由基部分枝，具纵条棱，被黄棕色硬毛。叶三角状卵形，先端长渐尖，基部深心形，基部裂片 2 裂，小裂片宽三角形，两面被黄棕色硬毛；叶柄疏被黄棕色硬毛。花单生叶腋，花梗具棱，疏被硬毛。苞片狭卵形，先端渐尖，基部圆形，背面被黄棕色硬毛；花冠漏斗状，大形，淡红色；雄蕊花丝基部具细鳞片；子房无毛，柱头 2 裂，裂片卵形，扁平。花期 7 月。

产宁夏六盘山，生于路边、草地。分布于东北、华北及山东、江苏、河南、陕西、甘肃、四川等。

4. 虎掌藤属 *Ipomoea* L.

（1）牵牛 *Ipomoea nil* (L.) Roth

一年生缠绕草本。全株被粗硬毛。叶互生，卵圆形，长宽近相等，3裂，中裂片卵圆形，侧裂片短三角形，先端尖，基部心形。花单生叶腋或2~3朵集生于总花梗顶端，总花梗短于叶柄，被粗硬毛；苞片线形；萼片5，近等大，披针形，被开展的粗硬毛；花冠漏斗状，紫红色或蓝紫色，冠檐5微裂；雄蕊5，不等长；子房无毛，柱头头状。蒴果球形，3瓣裂。花果期7~9月。

宁夏有栽培或逸为野生。分布于山东、河北、江苏、浙江、福建、广东、湖南、四川、云南等。

（2）圆叶牵牛 *Ipomoea purpurea* Lam.

一年生缠绕草本。全株被硬毛。单叶互生，宽卵状心形，先端尖，基部心形，全缘；叶柄被毛。花单一，或2~3朵着生于花序梗顶端成腋生伞形聚伞花序；苞片2，线形；萼裂片近等长，外3片长椭圆形，内2片线状披针形，外面均被开展的硬毛，基部毛更密；花冠漏斗状，紫色、淡红色或白色，瓣中带里面色深，外面色淡，先端5浅裂；雄蕊不等长，花丝基部被柔毛；子房无毛，3室，柱头头状。蒴果球形。花期7~9月，果期8~10月。

原产美洲热带地区。宁夏各地普遍栽培。

一二一 茄科　Solanaceae

1. 烟草属　*Nicotiana* L.

黄花烟草 *Nicotiana rustica* L.

一年生草本。茎直立，粗壮，生腺毛。叶卵形、矩圆形、心脏形，基部圆形或偏心形。圆锥状聚伞花序顶生；花萼杯状，裂片宽三角形，1 个显著长；花冠筒状钟形，黄绿色，筒部檐部裂片短，宽而钝；雄蕊 5，其中 4 个较长，1 个较短，不伸出花冠喉部，花丝基部膨大，密被长柔毛。蒴果近球形。花期 7~8 月。

宁夏有栽培。原产南美洲；我国华北、西北及西南均有栽培。

2. 枸杞属　*Lycium* L.

（1）宁夏枸杞 *Lycium barbarum* L.

灌木。分枝细密，灰白色。叶互生或在短枝上簇生，长椭圆状披针形，基部楔形，全缘。花在长枝上 1~2 朵生叶腋，在短枝上 2~6 朵同叶簇生；花萼钟形，2 中裂，有时其中 1 裂片再微 2~3 裂；花冠漏斗状，蓝紫色，檐部 5 裂，裂片明显短于花冠筒，卵形，顶端圆钝，边缘无缘毛；雄蕊的花丝基部稍上处及花冠筒内壁生一圈密绒毛。浆果红色，有时为橙色，椭圆形或长椭圆形。花果期 5~10 月。

宁夏普遍栽培。分布于华北、西北。

（2）黄果枸杞 *Lycium barbarum* L. var. *auranticarpum* K. F. Ching

本变种与正种的主要区别在于叶狭线形或狭披针形；果实橙黄色。

产宁夏银川、中宁、中卫等市（县）。生于田边、田间或村庄附近。

（3）枸杞 *Lycium chinense* Mill.

灌木。枝条细弱，弓状弯曲或俯垂，淡灰色。单叶互生或 2~4 片簇生，卵状狭菱形，先端锐尖，全缘，两面无毛。花在长枝上 1~2 朵生叶腋，在短枝上同叶簇生；花萼钟形，常 3 中裂或 4~5 齿裂，裂片边缘多少有缘毛；花冠漏斗形，淡紫色，檐部 5 深裂，卵形，顶端圆钝，边缘具缘毛；雄蕊稍短于花冠，花丝近基部密生一圈绒毛。浆果红色。花果期 7~10 月。

宁夏普遍分布，生于荒地、山坡、路边、村庄附近。全国各地均有分布。

（4）黑果枸杞 *Lycium ruthenicum* Murray

灌木。多分枝，分枝斜升或横卧于地面，坚硬，常呈之字形弯曲，小枝顶端渐尖成棘刺状，节间短，节上具短棘刺。叶 2~6 片簇生于短枝上，肥厚肉质，近无柄，线状披针形，两侧有时稍反卷，中脉不明显。花 1~2 朵生于短枝上；花梗细瘦；花萼狭钟形，不规则 2~4 浅裂，裂片膜质；花冠漏斗状，淡紫色，檐部 5 浅裂；雄蕊稍伸出花冠，着生于花冠筒中部。浆果紫黑色，球形。花果期 6~10 月。

　　宁夏普遍分布，生于盐碱荒地、沙地、沟渠边上或路边。分布于西北及内蒙古、西藏等。

（5）截萼枸杞 *Lycium truncatum* Y. C. Wang

　　灌木。分枝灰白色，少棘刺。叶在长枝上互生，短枝上簇生，披针形，全缘，具短柄。花 1~3（4）朵簇生于具叶的短枝上，花梗顶端稍增粗；花萼钟形，檐部 2~3 裂，裂片膜质，花后常折断成截头状；花冠漏斗状，筒部檐部 5 裂，裂片卵形；花丝近基部疏生短绒毛；花柱与雄蕊等长。浆果红色，顶部具小突尖。花期 5~7 月，果期 7~9 月。

　　产宁夏中卫，生于沙质地、田边、路旁。分布于山西、内蒙古、甘肃等。

3. 天仙子属　*Hyoscyamus* L.

天仙子　（莨菪）*Hyoscyamus niger* L.

二年生草本。全体被黏性腺毛。根粗壮。基生叶莲座状，茎生叶互生，卵形，边缘羽状深裂或浅裂，或为疏牙齿。花在茎中部单生叶腋，在茎上部单生于包状叶的叶腋内而聚生成蝎尾状总状花序，偏向一侧；花萼筒状钟形，密被细腺毛和长柔毛，5 浅裂，裂片大小不等，花后增大成坛状，基部圆形，具 10 条纵肋；花冠钟形，黄色而具紫色脉纹。蒴果包藏于宿存萼内，长卵圆形。花期 6~7 月，果期 7~9 月。

宁夏各地均有分布，生于山坡、路旁、村庄附近。分布于华北、西北及西南。

4. 茄属　*Solanum* L.

（1）茄　（茄子）*Solanum melongena* L.

一年生草本。小枝、叶柄、花梗及花萼均被星状绒毛。茎直立，上部分枝常为紫色。叶大，卵形，基部偏斜，边缘浅波状，两面被平贴星状绒毛。能育花单生，不育花组成蝎尾状与能育花并出；花萼近钟形，具小皮刺，萼裂片披针形；花冠紫色，外面被星状毛；内面仅裂片先端疏被星状毛，冠檐裂片三角形；子房圆形，顶端密被星状毛，花柱中部以下被星状绒毛，柱头浅裂。浆果圆球形或圆柱形，通常紫色。花期 6~8 月，果期 7~9 月。

宁夏普遍栽培。我国各地均栽培。

（2）人参果 *Solanum muricatum* Aiton

丛生或小灌木状，叶片互生呈长椭圆或卵圆披针形，为绿色或深绿色。穗状花序，单花，有萼片5枚，花瓣白色5片，背面有淡蓝或浅紫色条纹。果为浆果，形不规则，有椭圆、球形或呈陀螺状带尖，成熟果底色为浅黄色带紫色条斑。花果期5~9月。

宁夏固原及银川市部分温室有栽培。原产于哥伦比亚和智利安第斯山温带地区、秘鲁、厄瓜多尔等国家。

（3）龙葵 *Solanum nigrum* L.

一年生草本。茎多分枝。单叶互生，卵形，基部楔形，且下延至叶柄。蝎尾状单歧聚伞花序腋外生，具花4~10朵，花梗疏被短柔毛；花萼浅杯状，5深裂，裂片椭圆形，先端圆；花冠白色，冠檐5深裂，裂片卵圆形；花丝极短；子房卵形，花柱中部以下被白色绒毛，柱头头状。浆果球形，成熟时黑色。花果期7~10月。

宁夏普遍分布，多生于荒地、路边、村庄附近或田边。分布几遍全国。

（4）青杞（野茄子）*Solanum septemlobum* Bunge

多年生草本或亚灌木。茎直立多分枝，有棱，被白色弯曲的柔毛至近无毛。单叶互生，卵形，不整齐的羽状 7 深裂，裂片卵状长椭圆形，先端尖，两面疏被短柔毛，沿脉及边缘稍密；叶柄疏被短柔毛。二歧聚伞花序；花梗无毛，基部具关节；花萼杯状，疏被白色短柔毛，萼齿 5，宽三角形；花冠蓝紫色，先端 5 深裂，裂片长圆形；花丝短；花柱细。浆果近球形，成熟时红色。花果期 6~10 月。

宁夏各地均有分布，生于荒地、路旁及田边。分布于东北、华北、西北及山东、河南、安徽、江苏、四川等。

（5）阳芋 *Solanum tuberosum* L.

多年生草本。地下块茎扁圆形，皮灰白色、淡红色或紫色。叶为奇数羽状复叶，小叶6~8 对，相间排列，卵形，先端尖，全缘，两面被白色疏柔毛。伞房状聚伞花序顶生；花梗中部处具关节，被白色疏柔毛，关节以上稍密；花萼钟形，疏被白色柔毛，不规则 5 深裂，裂片卵状披针形，先端长渐尖；花冠白色或蓝紫色，花冠筒隐于萼筒内，冠檐裂片 5，三角形；花丝极短，子房无毛，柱头头状。浆果圆球形，绿色，无毛。花期 7~8 月。

宁夏普遍栽培。原产美洲热带山地，我国普遍栽培。

（6）红果龙葵 *Solanum villosum* **Miller**

直立草本。多分枝，小枝被糙伏毛状短柔毛并具有棱角状的狭翅，翅上具瘤状突起。叶卵形，基部楔形下延，两面均疏被短柔毛；叶柄具狭翅。花序近伞形，腋外生，总花梗，花紫色，萼杯状，外面被微柔毛，萼齿5，近三角形，先端钝，基部两萼齿间连接处成弧形，花冠筒隐于萼内，冠檐，5裂，裂片卵状披针形，边缘被绒毛；子房近圆形，中部以下被白色绒毛，柱头头状。浆果球状，朱红色；种子近卵形，两侧压扁。花果期夏秋。

产宁夏贺兰山和引黄灌区，生长于山坡及山谷阴处或路旁。分布于山西、甘肃、新疆、青海和河北。

5. 假酸浆属　*Nicandra* Adans.

假酸浆 *Nicandra physalodes* **(L.) Gaertn.**

一年生直立草本。茎无毛。叶互生，卵形，先端尖，基部楔形，具粗齿或浅裂。花单生叶腋，俯垂。花萼钟状，5深裂近基部，裂片宽卵形，先端尖，基部心形，具2尖耳片，果时增大成5棱状，宿存；花冠钟状，淡蓝色，冠檐5浅裂，裂片宽短；雄蕊5，内藏；子房3~5，胚珠多数，柱头近头状，3~5浅裂。浆果球形，黄或褐色，为宿萼包被。种子肾状盘形，具多数小凹穴；胚弯曲，近周边生，子叶半圆棒形。花果期夏秋季。

银川市部分公园、草地偶见种植。原产南美洲。我国南北均有作药用或观赏栽培。

6. 曼陀罗属 *Datura* L.

曼陀罗 *Datura stramonium* L.

一年生草本。全体近无毛或幼嫩时被短柔毛。茎粗壮，圆柱形，上部二歧分枝，下部木质化。叶宽卵形，先端渐尖。花单生于枝权间或叶腋，直立，具短梗；花萼筒形，筒部有5棱角，顶端5浅裂，裂片三角形，宿存部分增大并反折；花冠漏斗状，下半部带绿色，上半部白色或带紫色，檐部5浅裂；雄蕊不伸出花冠；子房卵形，密生柔针毛。蒴果卵形，表面生有坚硬针刺或无刺，4瓣裂。花期7~9月，果期8~10月。

宁夏全区普遍分布，生于荒地、路边和宅旁。我国南北各地均有分布。

7. 酸浆属 *Physalis* L.

酸浆 *Physalis alkekengi* L.

多年生草本。茎直立，被柔毛。单叶互生，长卵形，先端渐尖，基部狭楔形，不对称，下延至叶柄，边缘波状，两面被柔毛。花单生叶腋；花梗密生柔毛；花萼宽钟形，密生柔毛，萼齿三角形，边缘有硬毛；花冠白色，裂片开展，宽短，顶端骤然狭窄成三角形尖头，外面有短柔毛，边缘有缘毛；雄蕊与花柱均短于花冠。浆果球形，橙红色，被增大成囊状宿存花萼完全包被；宿萼卵形，橙红色，具10条纵肋，网脉明显。花期5~9月，果期6~10月。

产宁夏引黄灌区，生于山坡、路旁及田野。分布于甘肃、陕西、河南、湖北、四川、贵州、云南等。

8. 番茄属　*Lycopersicon* Mill.

番茄（西红柿）*Lycopersicon esculentum* Mill.

一年生草本。全体被柔毛和黏质腺毛，有强烈气味。茎易倒伏。叶为羽状复叶，小叶极不规则，大小不等，常 5~9 片，卵形，基部不对称，边缘具不规则的锯齿或裂片。花 3~7 朵成聚伞花序，腋外生；花萼辐状，裂片 5~7，披针形，果时宿存；花冠黄色，5~7 深裂；花药靠合成圆锥状。浆果扁球形或近球形，肉质多汁液，红色或黄色。花果期夏秋季。

宁夏普遍栽培。原产南美洲。我国南北各地广为栽培。

9. 辣椒属　*Capsicum* L.

辣椒 *Capsicum annuum* L.

一年生草本。茎直立，分枝常"之"字形弯曲。叶互生，矩圆状卵形，全缘，先端渐尖，基部狭楔形。花单生，俯垂；花萼杯状，具不明显的 5~7 齿；花冠白色，裂片 5~7；雄蕊着生于花冠筒的近基部。果梗较粗壮，俯垂，浆果长指状，先端渐尖且常弯曲，未成熟时绿色，成熟时红色。花果期 5~11 月。

宁夏广泛栽培。原产南美洲，我国各地均有栽培。

10. 矮牵牛属 *Petunia* Juss.

矮牵牛（碧冬茄） *Petunia×hybrida* (J. D. Hooker) Vilmorin

一年生草本。全体被腺毛。茎稍直立或匍生。叶卵形，先端急尖，基部宽楔形或楔形，全缘。花单生叶腋；花萼5深裂，裂片线形，先端钝，宿存；花冠白色或紫堇色，漏斗状，筒部向上渐扩大，5浅裂；雄蕊5，4长1短。蒴果圆锥状，2瓣裂，各瓣顶端再2浅裂。

银川市街心花坛及一些庭院有栽培，为观赏花卉。

一二二 木樨科 Oleaceae

1. 雪柳属 *Fontanesia* Labill.

雪柳 *Fontanesia philliraeoides* Carr. var. *fortunei* (Car.) Koehne

落叶灌木。小枝直立，淡灰黄色，四棱形，无毛。单叶对生，卵状披针形，先端渐尖，基部楔形，全缘，腹面叶脉稍凹陷，背面隆起，两面无毛；叶柄无毛。花小，淡红色或白色而带绿色，组成腋生总状花序或成圆锥花序侧枝顶生；花萼小，4裂，裂片菱状卵形；花瓣4，卵状披针形，基部合生；雄蕊2；子房上位，2室，花柱圆柱状，柱头2裂。翅果扁平，倒卵状椭圆形，周围具翅，先端微凹，花柱宿存。花期5~6月，果期9~10月。

银川市苗木场及公园有栽培。分布于安徽、河北、河南、湖北、江苏、陕西、山东和浙江。

2. 连翘属 *Forsythia* Vahl

（1）连翘 *Forsythia suspense* (Thunb.) Vahl

落叶灌木。小枝浅棕褐色，无毛，四棱形，具空心髓。叶对生，椭圆状卵形，边缘具不规则的细锯齿，两面无毛；叶柄无毛。花 1~6 朵叶腋生，先叶开放，花梗无毛；花萼 4 深裂，裂片长椭圆形，边缘疏具缘毛；花冠黄色，花冠筒与萼裂片近等长，顶端 4 裂，裂片倒卵状长椭圆形，先端圆钝；雄蕊 2，着生于花冠基中；子房上位，卵形，花柱细长，柱头 2 裂。蒴果卵圆形，先端尖，表面具疣状突起。花期 4 月，果期 5~7 月。

宁夏的公园及一些庭院有栽培。分布于安徽、河北、河南、湖北、陕西、山东、山西、四川。

（2）金钟花 *Forsythia viridissima* Lindl.

落叶灌木。全株除花萼裂片边缘具睫毛外，其余均无毛。枝棕褐色，小枝绿色，呈四棱形，皮孔明显，具片状髓。叶片长椭圆形，上半部具不规则锐锯齿或粗锯齿。花 1~3 朵着生于叶腋，先于叶开放；花萼裂片卵形，具睫毛；花冠深黄色，花冠管比萼裂片长，裂片狭长圆形，内面基部具橘黄色条纹，反卷。果卵形或宽卵形，基部稍圆，先端喙状渐尖，具皮孔；果梗较短。花期 3~4 月，果期 8~11 月。

宁夏各市县公园多有栽培。分布于安徽、福建、湖北、湖南、江苏、江西、云南、浙江。

3. 丁香属 *Syringa* L.

（1）华北紫丁香 *Syringa oblata* Lindl.

落叶灌木。小枝灰色，无毛。叶对生，圆卵形至肾形，宽大于长，先端短渐尖，全缘，两面无毛；叶柄无毛。圆锥花序顶生，总花梗及花梗均无毛；花萼小，钟形，边缘4裂，裂片三角形；花冠紫红色，高脚碟状，花冠筒细长，顶端4裂，先端圆钝；雄蕊2，着生于花冠筒中上部；子房上位，2室，花柱柱状，柱头2裂。蒴果长圆形，平滑。花期5~6月，果期7月。

产宁夏六盘山、罗山、贺兰山及香山，生于海拔1800~2200m的山坡及山谷中。分布于华北及辽宁、吉林、山东、陕西、甘肃、四川等。

（2）羽叶丁香 *Syringa pinnatifolia* Hemsl.

落叶灌木。小枝灰褐色，无毛，老枝灰黑褐色。奇数羽状复叶，对生，叶轴无毛，腹面具槽，小叶7~9个，狭卵形，基部偏斜，全缘，两面无毛，顶端3小叶基部常连合；小叶近无柄。圆锥花序侧生，总花梗及花梗均无毛；花萼钟形，无毛，花冠白色或淡粉红色，4裂，裂片卵圆形；先端稍钝，花冠筒细长；雄蕊2，着生于花冠筒喉部。蒴果长椭圆形，黑褐色，先端尖，上部具灰白色斑点。花期5月，果期6月。

产宁夏贺兰山及香山，生于海拔2200m左右的沟谷灌丛中。分布于甘肃、内蒙古、青海、陕西和四川。

（3）华丁香 *Syringa protolaciniata* **P. S. Green et M. C. Chang**

小灌木。小枝紫褐色，细弱，四棱形。叶全缘或分裂，无毛；通常枝条上部和花枝上的叶趋向全缘，枝条下部和下面枝条的叶常具 3~9 羽状深裂至全裂，叶片和裂片呈披针形、长圆状椭圆形、宽椭圆形至卵形，或倒卵形，先端钝或锐尖，基部楔形。花序顶生圆锥花序状；花梗纤细；花萼截形或萼齿呈三角状卵形，齿端锐尖、渐尖或钝；花冠淡紫色或紫色，花冠管近圆柱形，裂片卵形、宽椭圆形至披针状椭圆形，先端尖或钝；花药黄绿色。果长圆形至长卵形，带四棱形，先端凸尖、锐尖或钝，皮孔不明显。花期 4~6 月，果期 6~8 月。

银川市有栽培。分布于甘肃和青海。

（4）小叶巧玲花（小叶丁香）*Syringa pubescens* **Turcz. subsp.** *microphylla* **(Diels) M.C.Chang & X.L.Chen**

落叶灌木。幼枝灰褐色，疏被短柔毛，后渐无毛。叶对生，椭圆形，基部楔形，全缘，具缘毛，背面沿脉被白色长柔毛；圆锥花序顶生，总花梗及花梗均被短柔毛；花萼小，钟形，疏被短柔毛；顶端截形或具 4 浅齿；花冠淡紫色或紫红色，花冠筒细长，花冠裂片 4，披针形，先端尖；雄蕊 2，着生于花冠筒近中部；子房上位，2 室。蒴果圆柱形，先端尖，绿褐色，具白色疣状突起。花期 5~6 月，果期 7 月。

产宁夏六盘山、南华山及香山，生于海拔 2200m 左右的山谷灌丛中。分布于甘肃、河北、河南、湖北、青海、陕西、山西和四川。

（5）北京丁香 *Syringa reticulata* subsp. *pekinensis* (Rupr.) P. S. Green & M. C. Chang

落叶灌木或小乔木。小枝黑褐色，无毛，老枝黑灰色。叶对生，卵形，基部近圆形，全缘，两面无毛；叶柄无毛。圆锥花序顶生，总花梗及小花梗均无毛；花萼钟形，顶端近截形，无毛；花冠白色，花冠筒与花萼等长，裂片4，卵状椭圆形；雄蕊2，花丝细长，与花冠裂片等长或稍长；子房上位，2室，花柱圆柱形，柱头2裂。蒴果椭圆状圆柱形，先端尖，暗褐色，平滑。花期6~7月，果期7~9月。

产宁夏六盘山，生于海拔2000~2300m山坡灌丛或河滩地。分布于甘肃、河北、河南、内蒙古、陕西、山西和四川。

（6）暴马丁香 *Syringa reticulata* subsp. *amurensis* (Rupr.) P. S. Green & M. C. Chang

灌木或小乔木。小枝褐色，无毛，老枝黑褐色。叶对生，圆卵形，基部圆形，全缘；叶柄无毛。圆锥花序顶生，总花梗及花梗均无毛；花萼小，钟形，无毛，顶端波状或具不规则的4浅齿；花冠白色，花冠筒与花萼近等长，花冠裂片椭圆形，先端钝；雄蕊2，花丝远较花被长；子房上位，花柱柱头2裂。蒴果矩圆形，黄褐色，具疣状突起；种子椭圆形，扁平，周围具膜质翅。花期6~7月，果期8~9月。

产宁夏六盘山，生于海拔2100~2300m的山坡林缘及河滩地。分布于黑龙江、吉林、辽宁和内蒙古。

（7）四川丁香 *Syringa sweginzowii* **Koehne et Lingersh.**

小灌木。树皮黑褐色，小枝绿褐色，被短毛，后脱落。叶对生，狭卵形，具小尖头，全缘，两面无毛，脉在上面凹陷，背面明显并在下面具腺点；叶柄腹面具槽，无毛。圆锥花序，疏松；总花梗及花梗疏被短柔毛或近无毛；花萼钟形，无毛，边缘具不规则的三角形裂齿；花淡紫色或淡紫白色，檐部裂片卵状长圆形，先端钝；雄蕊着生于花冠喉部。蒴果细圆柱形，先端尖。花期 6 月，果期 7~8 月。

产宁夏香山，生于海拔 1900~2200m 的山谷灌木丛中。分布于陕西、甘肃、四川等。

（8）洋丁香 *Syringa vulgaris* **L.**

灌木或小乔木。树皮灰褐色，一年生枝淡黄色或淡灰黄色。叶对生，宽卵形，先端渐尖，基部心形或下延，全缘，两面无毛。圆锥花序由侧芽发出；花梗及总花梗疏被毛或近无毛；花萼钟形，暗紫红色，无毛，边缘具不规则裂齿；花冠紫红色或白色，檐部 4 裂，裂片卵形，先端圆；雄蕊着生于花冠筒上部，但未达喉部。蒴果先端尖，褐色，光滑。花期 4月，果期 7~8 月。

宁夏各地公园有栽培。全国各地均有栽培。

4. 梣属 *Fraxinus* L.

（1）白蜡树 *Fraxinus chinensis* Roxb.

乔木。高达 12m。冬芽卵圆形，黑褐色，被绒毛；小枝灰褐色，无毛。叶对生，奇数羽状复叶，具小叶 7~9 片，通常 7 片，椭圆形或卵状椭圆形，先端渐尖，基部宽楔形，边缘具不整齐的锯齿或浅波状锯齿，表面无毛，背面无毛或沿中脉被短柔毛，中脉在表面凹陷，背面凸起；无或具短小叶柄。圆锥花序侧生或顶生于当年生枝上；花梗纤细，花萼钟形，不规则深裂；无花瓣；雄蕊 2，花药卵形或长圆状卵形；柱头 2 裂。翅果倒披针形。花期 4~5 月，果期 8~9 月。

产宁夏六盘山，生于海拔 1740~1900m 的山谷路边或山坡。分布于东北及河北、山西、陕西、甘肃、山东、江苏、安徽、浙江、福建、河南、湖北、广东、四川、云南等。

（2）湖北梣（对节白蜡）*Fraxinus hupehensis* Ch'u, Shang & Su

落叶大乔木。树皮深灰色，老时纵裂；营养枝常呈棘刺状。小枝挺直。羽状复叶，小叶 7~9（~11）枚，革质，卵状披针形，先端渐尖，基部楔形，叶缘具锐锯齿，下面沿中脉基部被短柔毛，侧脉 6~7 对。花杂性，密集簇生于去年生枝上，呈甚短的聚伞圆锥花序；两性花花萼钟状，雄蕊 2，花丝较长，雌蕊具长花柱，柱头 2 裂。翅果匙形，先端急尖。花期 3~4 月，果期 9 月。

宁夏银川植物园有栽培。分布于湖北。

（3）水曲柳 *Fraxinus mandshurica* **Rupr.**

乔木。高 10~30m。冬芽黑褐色；小枝淡灰绿色，近四棱形，无毛。叶对生，奇数羽状复叶，叶轴具狭翅，具小叶 7~11 片，长椭圆形或椭圆状披针形，先端长渐尖，基部楔形至宽楔形，边缘具锐锯齿，表面无毛或疏生硬毛，背面沿中脉被黄褐色柔毛，叶脉在表面凹陷，背面凸起，近无小叶柄。圆锥花序侧生于二年生无叶枝上，花序轴具狭翅；花单性，雌雄异株；花梗纤细；无花被，雄花具 2 雄蕊；雌花具 2 败育雄蕊，柱头 2 裂。翅果矩圆状披针形，扭曲，翅下延至果体下部，先端钝圆或微凹。花期 5 月，果期 8~9 月。

产宁夏六盘山，生于海拔 1750~1900m 的山谷路边或山坡。分布于甘肃、河北、黑龙江、河南、湖北、吉林、辽宁、陕西和山西。

（4）美国红梣 *Fraxinus pennsylvanica* **Marsh.**

落叶乔木。树皮灰色，粗糙，皱裂。顶芽圆锥形，被褐色糠秕状毛。小枝红棕色，圆柱形。羽状复叶，小叶 7~9 枚，薄革质，长圆状披针形，顶生小叶与侧生小叶几等大，先端尖，基部阔楔形，叶缘具不明显钝锯齿或近全缘，下面疏被绢毛。圆锥花序，花密集，雄花与两性花异株，与叶同时开放。翅果狭倒披针形，上中部最宽，翅下延近坚果中部。花期 4 月，果期 8~10 月。

宁夏各地有栽培。原产美国东海岸至落基山脉一带。我国引种栽培已久，分布遍及全国各地，多见于庭园和行道树。

（5）天山梣（小叶白蜡）*Fraxinus sogdiana* Bunge

　　落叶乔木。芽圆锥形，黑褐色，芽鳞6~9枚，外被糠秕状毛，内侧密被棕色曲柔毛。小枝灰褐色。羽状复叶在枝端呈螺旋状三叶轮生，小叶7~13枚，纸质，卵状披针形，基部楔形下延至小叶柄，叶缘具不整齐而稀疏的三角形尖齿，下面密生细腺点。聚伞圆锥花序；花序梗短；花杂性，2~3朵轮生，无花冠也无花萼；两性花具雄蕊2枚，雌蕊具细长花柱。翅果倒披针形，翅下延至坚果基部，强度扭曲，坚果扁，脉棱明显。花期6月，果期8月。

　　宁夏银川植物园及部分林场有栽培。仅产新疆。

5. 女贞属　*Ligustrum* L.

辽东水蜡树 *Ligustrum obtusifolium* Siebold & Zucc.

　　落叶灌木。树皮暗灰色。小枝棕色，圆柱形，被较密柔毛。叶片纸质，披针状长椭圆形，萌发枝上叶较大，长圆状披针形，先端渐尖，基部均为楔形，两面无毛。圆锥花序着生于小枝顶端，花序轴、花梗、花萼均被微柔毛或短柔毛；花萼截形或萼齿呈浅三角形；花冠裂片狭卵形至披针形；花药披针形，短于花冠裂片或达裂片的1/2处。果近球形或宽椭圆形。花期5~6月，果期8~10月。

　　宁夏各市县有栽培。分布于黑龙江、辽宁、山东及江苏沿海地区至浙江舟山群岛。

一二三　**车前科**　**Plantaginaceae**

1. 柳穿鱼属　*Linaria* Mill.

柳穿鱼 *Linaria vulgaris* Mill. subsp. *chinensis* (Bunge ex Debeaux) D. Y. Hong

多年生草本。茎叶无毛，茎直立。叶通常多数而互生，少下部的轮生，上部的互生，条形，常单脉。总状花序，花期短而花密集，果期伸长而果疏离；苞片条形，超过花梗；花萼裂片披针形，外面无毛，内面多少被腺毛；花冠黄色，除去距长，上唇长于下唇，裂片，卵形，下唇侧裂片卵圆形，中裂片舌状，距稍弯曲。蒴果卵球状。种子盘状，边缘有宽翅，成熟时中央常有瘤状突起。花期 6~9 月。

产宁夏贺兰山洪积扇，生于山坡、路边、田边草地或多砂的草原。分布于甘肃、河北、黑龙江、河南、江苏、吉林、辽宁、内蒙古、陕西和山东。

2. 金鱼草属　*Antirrhinum* L.

金鱼草 *Antirrhinum majus* L.

一、二年生草本。茎直立；茎下部的叶对生，上部的互生；叶片披针形至长圆状披针形，先端渐尖，基部楔形，全缘；总状花序顶生，花冠二唇瓣，基部膨大，花色多样。蒴果卵形。花果期 6~10 月。

宁夏银川市部分公园有栽培。原产地中海沿岸，现各地栽培。

3. 杉叶藻属　*Hippuris* L.

杉叶藻 *Hippuris vulgaris* L.

多年生水生草本。茎直立，圆柱形，具节，不分枝。叶 6~12 片轮生，线形，全缘，先端钝，具 1 脉，生于水中的叶较长。花单生叶腋，无柄，花萼大部与子房合生，全缘；无花瓣；雄蕊 1 个，生于子房上，略偏一侧，花药卵形；子房下位，花柱 1，线形，较雄蕊稍长。核果长椭圆形，棕褐色，无毛。花期 6 月，果期 7 月。

产宁夏引黄灌区，生于池沼中。全国各地均有分布。

4. 毛地黄属　*Digitalis* L.

毛地黄 *Digitalis purpurea* L.

一年生或多年生草本。除花冠外，全体被灰白色短柔毛和腺毛。茎单生或数条成丛。基生叶多数成莲座状，叶柄具狭翅；叶片卵形，基部渐狭，边缘具带短尖的圆齿；茎生叶下部的与基生叶同形，向上渐小，叶柄短直至无柄而成为苞片。萼钟状，果期略增大，5 裂几达基部；裂片矩圆状卵形；花冠紫红色，内面具斑点，裂片很短，先端被白色柔毛。蒴果卵形。种子短棒状，除被蜂窝状网纹外，尚有极细的柔毛。花期 5~6 月。

宁夏石嘴山市部分公园有栽培。原产欧洲，我国有栽培。

5. 腹水草属　*Veronicastrum* Heist. ex Farbic.

草本威灵仙（轮叶婆婆纳）*Veronicastrum sibiricum* (L.) Pennell

多年生草本。根状茎斜伸或横走。茎直立，单一，不分枝，圆柱形，上部具纵条棱。叶 4~6 枚轮生，长椭圆状披针形，基部楔形，边缘具不规则的细尖锯齿，两面被短柔毛；无柄。总状花序顶生，花多而紧密，呈长圆锥状；花梗无毛；具 1 苞片，狭披针形；花萼 5 深裂；花冠紫红色，筒状钟形，檐部 4 裂，花冠筒里面被柔毛；雄蕊 2，明显伸出花冠之外，花丝基部被短柔毛；子房无毛，花柱细长。果实未见。花期 7~8 月。

产宁夏六盘山，生于山坡草地、灌丛及路边。分布于甘肃、河北、黑龙江、吉林、辽宁、内蒙古、陕西、山西和山东。

6. 婆婆纳属　*Veronica* L.

（1）北水苦荬 *Veronica anagallis-aquatica* L.

多年生草本。根状茎粗壮，斜伸，节上生多数须根。茎直立，无毛。叶对生，椭圆形，基部抱茎，两面无毛；无叶柄。总状花序叶腋生；花梗弯曲斜上，无毛；苞片线状披针形；花萼 4 深裂，裂片卵状椭圆形，无毛；花冠淡紫色，4 深裂，裂片宽卵形；雄蕊短于花冠；子房无毛。蒴果卵圆形，无毛，顶端凹缺，宿存花柱。花期 5~9 月，果期 6~10 月。

产宁夏贺兰山、六盘山、罗山及泾源、隆德等县，生于山谷溪边、湿地或沼泽旁。分布于安徽、甘肃、贵州、河北、黑龙江、河南、湖北、江苏、吉林、辽宁、青海、陕西、山东、山西、四川、新疆、西藏和云南。

（2）两裂婆婆纳 *Veronica biloba* L. Mant.

一年生草本。茎直立，微四棱形，疏被白色卷曲短柔毛。叶对生，卵状披针形，先端渐尖，基部楔形，边缘具不规则的疏锯齿，两面无毛；无柄或具极短柄。总状花序顶生，花疏散；苞片与茎生叶同形；花梗疏被白色腺毛；花萼 4 深裂，侧向 2 裂较浅，深达 3/4，裂片狭卵形，先端尖，边缘具睫毛，明显具 3 脉。蒴果倒心形，凹口叉开 30°~45°，裂片顶端圆，宿存花柱较凹口低得多。花期 4~5 月，果期 6 月。

产宁夏六盘山，生于山坡或荒地。分布于内蒙古、青海、陕西、四川、西藏和新疆。

（3）长果婆婆纳 *Veronica ciliata* Fisch.

多年生草本。根状茎短，具多数须根。茎直立，单一，不分枝，被长柔毛。叶对生，卵形。总状花序 2~4 支，侧生于茎顶端叶腋，花序短而花密集；花梗长 1~3mm；苞片线形，长于花梗，除花冠外花的各部均密被长柔毛；花萼 5 深裂，裂片线状披针形；花冠蓝色或蓝紫色，花冠筒短，裂片 4，前方 1 枚小，卵形，后方 3 枚倒卵形；雄蕊短于花冠；子房被长柔毛，花柱柱头头状。蒴果长卵形，被长柔毛。花期 7~8 月，果期 8~9 月。

产宁夏贺兰山、六盘山及月亮山，生于高山草地。分布于甘肃、内蒙古、青海、陕西、四川、新疆、西藏和云南。

（4）细叶婆婆纳 *Pseudolysimachion linariifolium* (Pall. ex Link) Holub

多年生草本。根状茎粗短。茎直立，圆柱形，密被白色卷曲柔毛。叶下部的常对生，中、上部的多互生，线状披针形，两面被白色卷曲柔毛；无柄。总状花序长穗状；花梗被白色短柔毛；苞片线形；花萼4深裂，裂片卵状披针形；花冠蓝色或蓝紫色，花冠筒长达花冠的1/2，4裂，喉部具短毛，裂片不等大，后方1枚较大，其余3枚较小；雄蕊2。蒴果卵球形。稍扁，顶端微凹，无毛。花期5~8月，果期6~9月。

产宁夏六盘山及罗山，生于山坡草地、灌丛。分布于安徽、福建、甘肃、广东、广西、河北、黑龙江、河南和湖北。

（5）阿拉伯婆婆纳 *Veronica persica* Poir.

一年生草本。茎铺散或斜升，疏被短柔毛及粗毛。叶对生，少数，圆卵形，边缘具不规则圆钝齿，两面被白色卷曲柔毛；叶柄短，被柔毛。总状花序顶生，花疏散；苞片叶状，互生，与茎生叶同形；花梗远较苞片为长，被短柔毛；花萼4深裂，裂片卵状披针形。背面基部被柔毛；花冠淡蓝紫色，4深裂，裂片圆形，喉部被柔毛。蒴果肾形，顶端凹口深达果长的1/4~1/3，凹口角度大于90°，宿存花柱超出凹口，被腺毛。花期4~5月，果期6月。

产宁夏六盘山，生于山地苗圃、路边及荒地。分布于安徽、福建、广西、贵州、湖北、湖南、江苏、江西、台湾、新疆、西藏、云南和浙江。

（6）婆婆纳 *Veronica polita* **Fries**

一年生草本。茎自基部多分枝，下部伏卧地面，上部斜升，疏被短柔毛，混生疏糙毛。叶对生，少数，圆卵形，每侧具2~4个裂片状粗锯齿，两面疏被糙毛；叶柄短。总状花序顶生，花疏散；苞片叶状，互生；花梗短于苞片，被短柔毛及糙毛；花萼4深裂，裂片卵状披针形；花冠淡紫色，4深裂，裂片圆形，喉部被柔毛；雄蕊2；花柱细长，柱头头状。蒴果肾形，宿存花柱稍超出凹口，被腺毛。花期4~5月，果期5~6月。

产宁夏六盘山，生于路边或荒地。分布于安徽、北京、福建、甘肃、贵州、河南、湖北、湖南、江苏、江西、青海、陕西、四川、台湾、新疆、云南和浙江。

（7）光果婆婆纳 *Veronica rockii* **H. L. Li**

多年生草本。根状茎短。茎直立，单一，不分枝，圆柱形，疏被白色长柔毛。叶对生，披针形，两面疏被白色长柔毛；无柄。总状花序2~4支，侧生于茎顶叶腋，花序较长而花较疏散；花梗被柔毛；苞片线形；花萼5裂，后方1枚远较小，其余4枚较长，椭圆状披针形；花冠紫色，花冠筒长为花冠长的2/3，4裂，前方1枚裂片较小，后方3枚较大；雄蕊短于花冠；子房无毛，花柱柱头头状。蒴果长卵形，无毛。花期7~8月，果期8~9月。

产宁夏六盘山及贺兰山，生于林缘草地。分布于陕西、甘肃、青海、山西、河北、内蒙古、河南、湖北和四川。

（8）四川婆婆纳 *Veronica szechuanica* **Batalin**

多年生草本。根状茎细长。茎直立，单一，不分枝，具纵棱，疏被白色长柔毛。叶对生，叶片卵形，上面疏生短硬毛，下面无毛；叶柄两边具狭翅。总状花序 4 至数支，侧生于茎顶端叶腋，花序茎顶端节间短缩，花序密集成伞房状；花梗密生短柔毛；苞片线状披针形；花萼 4 深裂，裂片倒卵状披针形；花冠白色，4 裂；雄蕊短于花冠。蒴果倒心状三角形，凹口深为果长的 1/4~1/5，边缘具长缘毛，宿存花柱超出凹口。花期 6 月，果期 7 月。

产宁夏六盘山，生于林缘或林下。分布于陕西、甘肃、湖北、四川等。

（周欣欣　拍摄）

（9）唐古拉婆婆纳 *Veronica vandellioides* **Maxim.**

多年生草本。茎自根状茎多出，丛生，蔓生或斜升，细弱，疏被白色长柔毛。叶对生，三角状圆卵形，边缘具齿，两面疏被平伏硬毛。总状花序侧生于几乎所有叶腋，退化为单花，总花梗细瘦无毛；苞片线形，无毛；花梗纤细疏被长柔毛；花萼 4 裂，裂片长椭圆形；花冠粉红色，4 深裂，裂片卵状椭圆形；雄蕊短于花冠；子房无毛。蒴果倒卵状肾形，边缘具长缘毛，凹口深为果长 1/4~1/5，凹口角度近 90°。花期 6~7 月，果期 7~8 月。

产宁夏六盘山，生于林缘或路边。分布于陕西、甘肃、青海、四川和西藏。

7. 车前属　*Plantago* L.

（1）车前 *Plantago asiatica* L.

多年生草本。具须根。叶基生，卵状椭圆形；叶柄无毛，基部扩展成鞘状。花葶 2 至数个，直立；穗状花序，花多数，排列紧密；花绿白色；苞片三角状卵形，先端尖，背面具龙骨状突起，边缘膜质；花萼裂片卵状椭圆形，先端圆钝，边缘膜质，背部具龙骨状突起；花冠裂片披针形或长三角形，先端渐尖。蒴果宽卵形；种子 5~6 个，三角状卵形，棕褐色，表面密生小突起。花期 5~6 月，果期 7~8 月。

宁夏全区普遍分布，生于山坡草地、田边、路旁及村庄附近，为常见田间杂草。全国各地均有分布。

（2）平车前 *Plantago depressa* Willd.

一年生或二年生草本。直根圆柱状。叶基生，长椭圆形，基部渐狭成长柄，背面被短柔毛；叶柄疏被柔毛，基部成鞘状。花葶 3 至数条，被柔毛；穗状花序长上部花密生，下部疏散；苞片三角状卵形，背面具绿色龙骨状突起，边缘宽膜质；萼裂片长椭圆形，背部具龙骨状突起，边缘膜质；花冠裂片卵状披针形；雄蕊 4，外露；花柱细长，被短毛。蒴果狭卵形，盖裂；种子 4~6 个，椭圆形，黑色。花期 6~7 月，果期 7~8 月。

宁夏全区普遍分布，生于山坡、草地、路旁、田边。分布于安徽、甘肃、河北、黑龙江、河南、湖北、江苏、江西、吉林、辽宁、内蒙古、青海、山东、山西、四川、新疆、西藏和云南。

（3）**小车前** *Plantago minuta* **Pall.**

一年生草本。主根黑褐色，细长。叶多数，基生，线形，全缘，两面密被长柔毛，基部无柄，鞘状。花葶多数，密被长柔毛；穗状花序顶生，椭圆形；苞片圆卵形，背面上部被长柔毛；花萼裂片宽卵形，龙骨状突起明显，被毛柔毛，边缘膜质；花冠裂片狭卵形，边缘有细齿；花丝细长，花药长椭圆形；花柱与柱头疏生柔毛。蒴果卵形，果皮膜质，无毛，盖裂；种子 2 个，黑褐色。花期 6~7 月，果期 7~8 月。

产宁夏贺兰山及石嘴山、平罗、贺兰、银川、青铜峡、中卫、固原等市（县），生于石质滩地或沙地。分布于甘肃、内蒙古、青海、山西、新疆和西藏。

（4）**大车前** *Plantago major* **L.**

多年生草本。具多数须根。叶基生，卵形，先端圆钝，两面被柔毛，背面毛较密；叶柄基部成鞘状，密被白色长柔毛。花葶 3 至数条，直立，疏被白色柔毛；穗状花序，花多数，稍密集；苞片卵形，背面龙骨状突起较宽，绿色，边缘宽膜质；花萼裂片椭圆形，背面具绿色龙骨状突起，边缘宽膜质；花冠裂片三角状卵形。蒴果卵形；种子 6~8 粒。花期 6~7 月，果期 7~8 月。

产宁夏六盘山、罗山、贺兰山，生于山谷草地或沟边湿地。全国各地均有分布。

一二四 玄参科 Scrophulariaceae

1. 醉鱼草属 *Buddleja* L.

互叶醉鱼草 *Buddleja alternifolia* Maxim.

小灌木。枝开展，弧形弯曲，幼时灰绿色，密被星状毛，老枝灰黄色，毛渐脱落。单叶互生，披针形，基部楔形，全缘，疏被星状毛，下面密被灰白色柔毛及星状毛。花生于前一年生枝的叶腋，花多数簇生或成圆锥花序；花萼筒状，檐部4裂，外面密被灰白色柔毛；花冠紫红色或紫堇色，裂片4，卵形；雄蕊4，着生于花冠筒中部；子房光滑。蒴果卵状长圆形，深褐色，2瓣裂；种子多数，具短翅。花期5~6月。

产宁夏贺兰山、六盘山及中卫、石嘴山等市，生于干旱山坡。分布于甘肃、河北、河南、内蒙古、青海、陕西、山西、西藏和四川。

2. 玄参属 *Scrophularia* L.

（1）贺兰玄参 *Scrophularia alaschanica* Batal.

多年生草本。根粗壮。茎直立，四棱形，中空。叶卵形，先端渐尖，边缘具不规则的粗重锯齿，叶脉隆起，两面无毛。聚伞花序；花梗被短腺毛；苞片线形；花萼密被短腺毛，5深裂，裂片宽椭圆形；花冠黄绿色，冠檐2唇形，上唇明显长于下唇，2裂，裂片近圆形，下唇3裂，中裂片小，宽卵状三角形；雄蕊短于下唇；子房三角状圆锥形，花柱蒴果卵形或宽卵形，连喙无毛。花期6~7月，果期7~8月。

产宁夏贺兰山，生于山谷石隙中或山谷石质河滩地。分布于内蒙古。

（2）砾玄参 *Scrophularia incisa* Weinm.

半灌木状草本。根茎粗壮，紫褐色。茎基部木质化，多分枝丛生，疏被短腺毛。基生叶羽状深裂，具长柄；茎生叶对生，长圆形，基部渐狭成短柄，边缘齿，或基部羽状浅裂。圆锥状聚伞花序顶生，总花梗和花梗疏生腺毛；花萼浅杯状，5 裂；花冠筒膨大成球形，檐部 2 唇形，上唇 2 裂，下唇 3 裂；雄蕊 4，与上唇近等长，花丝密被短腺毛；花柱无毛，柱头稍 2 裂。蒴果球形，先端具短喙。花期 6~7 月，果期 7 月。

产宁夏贺兰山及石嘴山市，生于石质山坡、砾石滩地或沙质地。分布于内蒙古、甘肃、青海。

| 一二五 | **角胡麻科** Martyniaceae Horan. |

长角胡麻属　*Proboscidea* Moench

长角胡麻 *Proboscidea louisianica* Wooton et Standley

一年生草本。茎多分枝，铺散，具纵棱，稍带紫红色，密被黏毛。叶互生或近对生，宽卵形，先端圆钝，基部心形，背面疏被短黏毛，边缘密生短黏毛；叶柄密生短黏毛。总状花序叶腋生；花萼钟形，外面被黏毛，顶端不等 5 裂，裂片三角形，边缘具黏毛；花冠淡蓝色至紫色，边缘不整齐 5 裂；雄蕊 4，排列成 2 对，由花药相连。蒴果成弯曲的梭形，先端具弯曲的长喙，长 5~7cm，密生短黏毛，成熟时由喙向下开裂为 2 瓣。花果期 7~9 月。

原产美洲。宁夏中卫市有栽培。分布我国云南。

（叶建飞　拍摄）

一二六　芝麻科　Pedaliaceae

芝麻属　*Sesamum* L.

芝麻（胡麻）*Sesamum indicum* L.

一年生草本。茎直立，四棱形，具纵棱，不分枝，被短柔毛。叶对生或上部叶互生，卵状椭圆形、宽卵形或披针形先端急尖或渐尖，基部截形、近圆形、宽楔形或楔形，全缘、有锯齿或上部叶 3 深裂或 3 全裂，两面疏被柔毛或近无毛；叶柄密被长柔毛。花单生或 2~3 朵生于叶腋；花萼稍合生，先端 5 裂，裂片披针形，背面密被长柔毛；花冠筒状，白色或淡紫色，裂片近圆形，外面被毛；雄蕊 4，近等长；子房被柔毛，花柱长约 8mm，柱头 2 裂。蒴果长椭圆形，4 棱或 6~8 棱，被短柔毛，纵裂；种子多数，白色、黑色或淡黄色。花期 7~8 月，果期 8~9 月。

原产热带非洲，现于热带和温带地区广为种植。我国南北各地均有种植。

一二七　紫葳科　**Bignoniaceae**

1. 角蒿属　*Incarvillea* Juss.

（1）角蒿　*Incarvillea sinensis* Lam.

一年生草本。茎直立被微柔毛。叶基部对生，上部叶互生，2~3 回羽状深裂至全裂，下部裂片再羽状分裂，最终裂片线形。总状花序顶生，具 4~18 朵花，花梗被毛；花萼钟形，被毛，顶端 5 裂；花冠红色或红紫色，漏斗状，先端 5 裂，略呈 2 唇形，上唇 2 裂，相等，下唇 3 裂，中裂片稍大；雄蕊 4，着生于花冠中部以下；子房圆柱形，花柱红色，柱头 2 裂。蒴果长角状；种子卵形，具白色膜质翅。花期 6~8 月，果期 7~9 月。

产宁夏贺兰山、罗山及平罗、盐池等县，生于山坡、河滩地、沙地及田边。分布于东北、华北及山东、河南、陕西、甘肃、青海、四川等。

（2）黄花角蒿　*Incarvillea sinensis* Lam. var. *przewalskii* (Batalin) C.Y.Wu et W.C.Yi

二年生草本。茎直立，由基部分枝，具棱，被短毛。叶互生，2 回羽状全裂，最终裂片线形，上面疏被毛，下面密被短毛。顶生圆锥花序；花梗被短毛，基部具 1 苞片及 2 小苞片；萼筒短，具 5 棱；花冠呈斜漏斗形，黄色，顶端 5 裂，略呈 2 唇形，上唇 2 裂，等大，下唇 3 裂，中裂片较大；雄蕊 4，2 强，具 1 退化雄蕊，着生于花冠中部以下；子房被毛。蒴果呈长角状；种子倒卵形，扁平，周围具白色膜质翅。花期 7~9 月，果期 8~10 月。

产宁夏六盘山、罗山及香山，生于山坡、草地。分布于甘肃、青海、陕西和四川。

2. 梓树属 *Catalpa* Scop.

（1）楸 *Catalpa bungei* C. A. Mey

小乔木。高 8~12m。叶三角状卵形或卵状长圆形，顶端长渐尖，基部截形，阔楔形或心形，有时基部具有 1~2 牙齿，叶面深绿色，叶背无毛。顶生伞房状总状花序，有花 2~12 朵。花萼蕾时圆球形，2 唇开裂，顶端有 2 尖齿。花冠淡红色，内面具有 2 黄色条纹及暗紫色斑点。蒴果线形。种子狭长椭圆形，两端生长毛。花期 5~6 月，果期 6~10 月。

宁夏银川市有栽培。分布于河北、河南、山东、山西、陕西、甘肃、江苏、浙江、湖南。

（2）梓树 *Catalpa ovata* G. Don

高大乔木。树皮暗灰色，平滑；小枝疏被长硬毛；冬芽卵球形，鳞片深褐色，边缘具睫毛。单叶，对生或 3 叶轮生，宽卵形，边缘具 3~5 个粗齿牙，两面被白色毛。圆锥花序顶生；花萼 2 裂，裂片宽卵形；花冠淡黄白色，具数条黄色条纹与紫色斑点，2 唇形，上唇 2 裂，下唇 3 裂，内具橘黄色条纹及淡紫色斑点；能育雄蕊 2，不育雄蕊 3；花柱丝状，先端

2 裂。蒴果深褐色；种子狭长圆形，扁平，两端具长柔毛。花期 6~7 月，果期 9 月。

　　宁夏有栽培，多作庭园美化树种。分布于长江流域及其以北地区。

一二八　狸藻科　**Lentibulariaceae**

狸藻属　*Utricularis* L.

狸藻 *Utricularia vulgaris* L.

　　水生多年生食虫草本；全株柔软，成较粗的绳索状，横生于水中。叶互生，2~3 回羽状分裂，裂片细线形，边缘具刺状齿；捕虫囊生于小裂片基部，膜质，卵形，囊口为瓣膜所封闭，周围有许多感觉毛，囊内壁上有许多星状吸收毛。花葶直立，露出水面；花两性，两侧对称，具花 5~11 朵，顶生总状花序；苞片卵形；花萼 2 深裂；花冠黄色，2 唇形，基部有距；雄蕊 2；子房上位，1 室，柱头 2 裂。蒴果球形，包于宿存花萼内。花果期 7~9 月。

　　产宁夏引黄灌区，生于池沼中。分布于甘肃、河北、黑龙江、河南、吉林、辽宁、内蒙古、青海、陕西、山东、山西、四川、新疆和西藏。

一二九 唇形科 Labiatae

1. 牡荆属 *Vitex* L.

荆条 *Vitex negundo* L. var. *heterophylla* (Franch.) Rehd.

灌木。老枝圆柱形，灰褐色，幼枝四棱形，被短绒毛。叶对生，掌状复叶，小叶5，长椭圆形，先端渐尖，基部楔形，边缘具缺刻状锯齿，两侧小叶片与中间小叶片同形且依次渐小；小叶具柄。圆锥花序顶生；花萼钟形，外面密被灰白色短绒毛，顶端5裂，裂片三角形；花冠蓝紫色，花冠筒里面喉部被短毛，檐部2唇形；雄蕊4，2强，伸出花冠；子房上位，4室，花柱1，柱头2裂。花期7~8月，果期8~9月。

产宁夏贺兰山，生于山坡或路边。分布于辽宁、河北、山西、内蒙古、陕西、甘肃、山东、江苏、安徽、河南、四川等。

2. 香薷属 *Elsholtzia* Willd.

（1）香薷 *Elsholtzia ciliata* (Thunb.) Hyland.

一年生草本。根长圆锥形。茎直立，钝四棱形，具槽，沿槽被短柔毛。叶卵形，边缘具锯齿，沿脉被长柔毛；叶柄腹凹背凸，疏被短柔毛。穗状花序生于分枝顶端，花偏向一侧，苞片宽卵圆形，边缘密生缘毛；花梗无毛；花萼钟形，萼齿5，狭长三角形，且先端具芒尖；花冠粉红色，外面疏生柔毛，上部疏生腺点，冠檐2唇形，唇3裂；雄蕊4，伸出；花柱内藏，先端2浅裂。小坚果长圆形，光滑。花期8~9月，果期9~10月。

产宁夏南华山，生于海拔2300m的山谷河边。除青海、新疆等外，几乎全国各地均有分布。

（2）密花香薷 *Elsholtzia densa* Benth.

一年生草本。根圆锥形。茎直立四棱形，被短柔毛。叶椭圆状披针形，边缘具粗锯齿；叶柄边缘被短毛。穗状花序生枝顶，圆柱形，密被紫红色长柔毛；苞片宽倒卵形，紫红色，边缘具长柔毛；花萼钟形，外面及边缘密被紫红色具节长柔毛，萼齿5；花冠淡紫色，外面及边缘密被紫红色具节长柔毛，冠檐2唇形，下唇3裂；雄蕊4，伸出；花柱伸出，先端2裂。小坚果倒卵形，棕褐色，无毛，上半部疏具疣状小突起。花期5~6月，果期6~8月。

产宁夏贺兰山、南华山、云雾山、罗山及盐池等县，生于山谷河边、荒地。分布于甘肃、河北、辽宁、青海、陕西、山西、四川、新疆、西藏、云南。

（3）华北香薷（木香薷）*Elsholtzia stauntoni* Benth.

直立半灌木。茎上部多分枝，小枝下部近圆柱形，上部钝四棱形，具槽及细条纹，带紫红色，被灰白色微柔毛。叶椭圆状披针形，下面白绿色，密布细小腺点，侧脉6~8对。穗状花序生于茎枝及侧生小花枝顶上，由具5~10花、近偏向于一侧的轮伞花序所组成。花萼管状钟形，外面密被灰白色绒毛，内面仅在萼齿上被灰白色绒毛，萼齿5，卵状披针形。花冠玫瑰红紫色，冠檐二唇形，上唇直立，下唇开展。小坚果椭圆形，光滑。花果期7~10月。

宁夏银川植物园有栽培。分布于河北、山西、河南、陕西、甘肃。

3. 紫苏属 *Perilla* L.

紫苏 *Perilla frutescens* (L.) Britt.

一年生直立草本。茎多分枝，常呈紫色，四棱形，密被白色长柔毛。叶宽卵形，边缘具粗锯齿，下面紫色，上面疏被柔毛，下面被平伏柔毛。轮伞花序具2花，多数组成顶生和腋生的偏向一侧的总状花序；苞片宽卵形；花萼钟形，萼齿5；花冠白色至紫红色，花冠筒短，冠檐近2唇形，上唇顶端微凹，下唇3裂；雄蕊4，几不伸出；花柱先端等2浅裂。小坚果近球形，具网纹。花期8~9月，果期9~10月。

宁夏引黄灌区有栽培。全国各地广为栽培。

4. 薰衣草属 *Lavandula* L.

薰衣草 *Lavandula angustifolia* Mill.

半灌木或矮灌木。分枝，被星状绒毛。叶披针状线形，在花枝上的叶较大，被灰色星状绒毛。轮伞花序具6~10花，成穗状花序；花具短梗，蓝色，密被灰色绒毛。花萼卵状管形，二唇形。花冠长约为花萼的 2 倍，具 13 条脉纹，冠檐二唇形，上唇直伸，2 裂，裂片较大，圆形，且彼此稍重叠，下唇开展，3 裂。雄蕊 4，着生在毛环上方，不外伸。花柱被毛。花盘 4 浅裂，裂片与子房裂片对生。小坚果 4，光滑。花期 6 月。

宁夏彭阳县有栽培。原产地中海地区，我国有栽培。

5. 香茶菜属　*Isodon* (Benth.) Kudo

蓝萼毛叶香茶菜 *Isodon japonicus* (N. Burman) H. Hara var. *glaucocalyx* (Maxim.) H. W. Li

多年生草本。茎直立，钝四棱形，四面具槽。叶卵形，先端渐尖，基部下延，边缘具粗大的具硬尖头的钝锯齿；叶柄上部具狭翅，密被短柔毛。聚伞花序对生，组成狭长圆锥花序，顶生，花梗、总花梗与花序轴均被短柔毛及腺点；花萼钟形，外面被短柔毛，萼齿 5，果时增大；花冠淡紫色，花冠筒冠檐 2 唇形，上唇 4 裂；雄蕊 4，稍伸出花冠，花丝扁平；花柱超出雄蕊，先端等 2 裂。小坚果卵球形。花期 6~7 月，果期 7~8 月。

产宁夏六盘山，生于林下或灌丛中。分布于河北、黑龙江、吉林、辽宁、山东和山西。

6. 罗勒属 *Ocimum* L.

罗勒 *Ocimum basilicum* L.

一年生草本。具圆锥形主根。茎直立，钝四棱形，多分枝。叶卵圆形，基部渐狭，两面近无毛，下面具腺点，侧脉 3~4 对。总状花序顶生于茎、枝上，由轮伞花序组成。花萼钟形，外面被短柔毛，内面在喉部被疏柔毛，萼齿 5，呈二唇形。花冠淡紫色，或上唇白色下唇紫红色，伸出花萼，冠檐二唇形，上唇宽大，近圆形，常具波状皱曲，下唇长圆形。雄蕊 4，分离，花柱超出雄蕊之上。小坚果卵球形，黑褐色。花期通常 7~9 月，果期 9~10 月。

宁夏黄灌区有栽培。分布于新疆、吉林、河北、浙江、江苏、安徽、江西、湖北、湖南、广东、广西、福建、台湾、贵州、云南和四川，多为栽培。

7. 鼠尾草属 *Salvia* L.

（1）黏毛鼠尾草 *Salvia roborowskii* Maxim.

一年生或二年生草本。根粗壮，圆锥形。茎密生腺毛。叶三角形，边缘为不规则的圆钝齿，上面平伏硬毛，下面沿脉密被柔毛，散生腺点。轮伞花序具 4 花，组成疏散的总状花序，下部苞片叶状，上部渐狭，狭卵形；花梗与花序轴均密被柔毛及腺毛；花萼钟形，外面被长硬毛及腺毛，里面疏被短伏毛及腺点，2 唇形；花冠黄色，冠檐 2 唇形；能育雄蕊 2，花柱伸出，先端不等 2 浅裂。小坚果倒卵状椭圆形，光滑。花期 6~7 月，果期 7~8 月。

产宁夏南华山及六盘山，生于海拔 2400m 的山谷溪边。分布于甘肃、四川、青海、云南、西藏。

（2）荫生鼠尾草 *Salvia umbratica* Hance

一年生或二年生草本。茎直立被白色长柔毛及腺毛。叶三角状卵形，表面疏生具节短柔毛，背面密生腺点，沿脉散生短柔毛。轮伞花序具 2~4 朵花，多数集成总状花序，总花梗密被柔毛和腺毛；苞片卵形；花萼钟形，外面被柔毛和腺毛，里面疏生短柔毛；花冠蓝紫色或紫红色，外面疏生长柔毛，里面下部具毛环，毛环以上部分膨大；雄蕊稍外露；花柱伸出，柱头不等 2 裂。小坚果椭圆形。花期 7~8 月，果期 8~10 月。

产宁夏六盘山及固原市，生于山坡草地或灌丛中。分布于河北、山西、陕西、甘肃、安徽。

（刘冰　拍摄）

（3）丹参 *Salvia miltiorrhiza* Bunge

多年生直立草本。根肥厚，肉质，外面朱红色，内面白色。茎直立，四棱形，具槽，密被长柔毛，多分枝。叶为奇数羽状复叶，密被向下长柔毛，小叶 3~5 片，卵圆形，两面被疏柔毛。轮伞花序 6 花，下部者疏离，上部者密集；苞片披针形，全缘。花萼钟形，带紫色，外面被疏长柔毛及具腺长柔毛，内面中部密被白色长硬毛，具 11 脉，二唇形。花冠紫蓝色，能育雄蕊 2，伸至上唇片，退化雄蕊线形。小坚果黑色，椭圆形。花期 4~8 月，花后见果。

宁夏固原市隆德县、彭阳县有种植。分布于安徽、河北、河南、湖北、湖南、江苏、陕西、山东、山西、浙江。

（4）一串红 *Salvia splendens* Ker-Gawl.

亚灌木状草本。茎钝四棱形，具浅槽，无毛。叶卵圆形，先端渐尖，基部截形，边缘具锯齿，两面无毛，下面具腺点。轮伞花序 2~6 花，组成顶生总状花序，花序长达 20cm。花萼钟形，红色，外面沿脉上被染红的具腺柔毛，内面在上半部被微硬伏毛，二唇形。花冠红色，外被微柔毛，内面无毛，冠筒筒状，冠檐二唇形，下唇比上唇短，3 裂。小坚果椭圆形，暗褐色，顶端具不规则极少数的皱褶突起，边缘或棱具狭翅，光滑。花期 3~10 月。

宁夏各市县公园常有栽培。原产巴西，我国各地庭园中广泛栽培。

8. 地笋属 *Lycopus* L.

地笋 *Lycopus lucidus* Turcz.

多年生草本。茎直立，四棱形，具槽。叶具极短柄或近无柄，长圆状披针形，多少弧弯，先端渐尖，基部渐狭，边缘具锐尖粗牙齿状锯齿，两面均无毛，侧脉 6~7 对。轮伞花序无梗，多花密集。花萼钟形，萼齿 5，披针状三角形。花冠白色，冠檐不明显二唇形，上唇近圆形，下唇 3 裂，中裂片较大。小坚果倒卵圆状四边形。花期 6~9 月，果期 8~11 月。

产宁夏引黄灌区，生于沼泽地、水边、沟边等潮湿处。分布于全国各地。

9. 荆芥属 *Nepeta* L.

（1）康藏荆芥 *Nepeta prattii* Levl.

多年生草本。茎直立单一，被短柔毛。叶狭长卵形，先端渐尖，基部浅心形，边缘具牙齿状锯齿。轮伞花序生茎顶部，密集成短穗状；苞片线形，带紫色，边缘具缘毛；花萼暗紫色，被短柔毛，2 唇形；花冠紫红色，外面疏被短柔毛，冠檐 2 唇形，上唇 2 裂，下唇 3裂；雄蕊 4；花柱伸出，先端等 2 浅裂。花期 7~8 月。

产宁夏六盘山、南华山、月亮山及贺兰山，生于山坡草地、林缘、山谷溪旁。分布于甘肃、河北、青海、陕西、山西、西藏和四川。

（2）大花荆芥 *Nepeta sibirica* L.

多年生草本。根状茎斜伸。茎下部常带紫色，微被短柔毛。叶三角状长圆形，边缘具锯齿，两面疏被短柔毛，背面密生腺点，边缘具短缘毛；叶柄疏被短柔毛。轮伞花序稀疏排列于茎顶部；苞片线状披针形；花萼外被短腺柔毛及腺点，2 唇形，3 裂；花冠淡蓝紫色，外面疏被短柔毛，花冠筒直伸，漏斗状，冠檐 2 唇形；雄蕊 4，前对雄蕊较长，略伸出；花柱与前对雄蕊等长，先端等 2 浅裂。花期 6~7 月。

产宁夏贺兰山、罗山、南华山及平罗、同心等县，生于山坡草地、路边、林缘。分布于内蒙古、甘肃和青海。

10. 裂叶荆芥属　*Schizonepeta* Briq.

（1）细裂叶荆芥 *Schizonepeta deserticola* H.

多年生草本。茎多分枝，四棱形，紫红色，疏被白色柔毛。叶卵形，1~2 回羽状深裂，裂片线形，两面疏被白色短柔毛，背面较密，有黄色树脂腺点。轮伞花序多数；苞片叶状；小苞片钻形，小；花萼管状钟形，外面被白色短柔毛及黄色腺点，里面疏被短柔毛，萼齿5，三角状披针形；花冠蓝紫色，外面被具节长柔毛，冠檐 2 唇形；雄蕊 4；花柱较雄蕊短，柱头等 2 裂。小坚果倒长卵状三棱形，光滑。花期 7~8 月，果期 9~10 月。

产宁夏贺兰山及石嘴山、平罗等市（县），生于砾石滩地、河边、路旁。分布于内蒙古。

（2）多裂叶荆芥 *Nepeta multifida* L.

多年生草本。根粗壮。茎被白色长柔毛，上部常呈暗紫色。叶卵形，先端急尖，羽状浅裂至深裂；叶柄被长柔毛。轮伞花序密集，组成顶生穗状花序；苞片倒卵形，边缘密生白色长缘毛；小苞片卵状披针形，紫色；花萼筒形，蓝紫色，萼齿5，狭三角形；花冠淡蓝紫色，外面密生长柔毛，冠檐 2 唇形；雄蕊 4；花柱与前对雄蕊等长，先端近等 2 浅裂。小坚果扁长圆形，平滑。花期 7~8 月，果期 8~9 月。

产宁夏月亮山、南华山及火石寨，生于山坡草地或山谷。分布于甘肃、河北、内蒙古、陕西和山西。

11. 青兰属　*Dracocephalum* L.

（1）线叶青兰（灌木青兰）*Dracocephalum fruticulosum* Stephan ex Willd.

矮小亚灌。根粗壮，上部分枝，自分枝顶端生出茎。树皮灰褐色，不规则片状剥落，多分枝。叶小，椭圆形，两面密被短毛及腺点；叶腋间缩短枝上生有线状长椭圆形的叶。轮伞花序生枝顶部，密集成穗状花序；苞片椭圆形，齿端具细长刺；花萼为不明显的 2 唇形；花冠紫红色，冠檐 2 唇形，上唇宽椭圆形，先端 2 浅裂，下唇与上唇等长，3 裂；雄蕊 4，稍伸出，花药黑褐色；花柱与雄蕊等长，先端 2 浅裂。花期 6~7 月。

产宁夏贺兰山及罗山，生于石质山坡或山崖上。分布于内蒙古。

（2）白花枝子花 *Dracocephalum heterophyllum* Benth.

多年生草本。根粗壮。茎自基部多分枝，密生短柔毛。叶三角状长卵形，先端钝圆，边缘具圆锯齿，两面被短柔毛，背面密生腺点，边缘具缘毛；叶柄密生短柔毛。轮伞花序密集而成顶生穗状花序，苞片狭倒卵形；花梗被短柔毛；花萼外面被短柔毛，黄绿色，下部稍带紫色，2 唇形，3 裂；花冠白色，外面密被短柔毛，花冠筒冠檐 2 唇形，上唇先端 2 浅裂，下唇 3 裂；雄蕊 4，不伸出；花柱细长，伸出。花期 5~7 月。

产宁夏贺兰山、罗山、六盘山、南华山及固原、西吉、隆德等市（县），生于山坡草地、石质河滩地或田边。分布于甘肃、内蒙古、青海、山西、四川、西藏和新疆。

（3）香青兰 *Dracocephalum moldavica* L.

一年生草本。茎直立，被倒向短毛，常带紫色。叶三角状长卵形，先端钝，边缘疏具锯齿，两面沿脉被短毛，背面被腺点；叶柄被短毛。轮伞花序生枝的上部叶腋，疏散；苞片椭圆形，被短伏毛，齿端具长刺；花萼被短柔毛及腺点，2唇形，上唇3裂，裂片卵形，下唇2裂，裂片披针形；花冠淡蓝紫色，外面密被短柔毛，冠檐2唇形，上唇舟形，下唇3裂；雄蕊微伸出；花柱无毛。小坚果长圆形，顶端平，光滑。

产宁夏贺兰山及盐池、吴忠、同心等县（市），生于干旱山坡或石质河滩地。分布于甘肃、河北、黑龙江、河南、吉林、辽宁、内蒙古、青海、陕西和山西。

（4）刺齿枝子花 *Dracocephalum peregrinum* L.

多年生草本。茎直立带紫红色，被倒向短毛。叶披针形，先端稍钝，基部渐狭成短柄，边缘具少数锯齿，齿尖具刺，无毛，边缘密生短缘毛；叶柄密生短柔毛。轮伞花序生上部叶腋，苞片倒披针形，具长刺；花梗密被倒向短柔毛；花萼紫色，萼筒密被短柔毛，2唇形，上唇3裂，裂片先端具短刺尖，下唇2裂，裂片先端具短刺尖；花冠蓝紫色，冠檐2唇形；雄蕊4，直伸于上唇之下；花柱细长，先端蓝紫色。花期7~8月。

产宁夏盐池县，生于山坡草地。分布于甘肃和新疆。

（5）毛建草 *Dracocephalum rupestre* **W. W. Smith**

多年生草本。茎斜升或基部平卧，疏被倒向短柔毛。叶片三角状卵形，先端钝，边缘具圆钝锯齿，两面疏被柔毛；叶柄被伸展的白色长柔毛。轮伞花序顶生，密集成头状；苞片倒卵形，两面被柔毛，边缘具睫毛；花萼，常带紫色，被短柔毛和睫毛，2裂，上唇3裂至基部，下唇2裂稍超过唇本身基部，齿狭披针形。花冠紫蓝色，外面被短毛，下唇中裂片较小；花丝疏被柔毛，顶端具尖的突起。花期7~8月。

产宁夏六盘山及罗山，生于山坡草地或林缘。分布于河北、辽宁、内蒙古、青海和山西。

（6）甘青青兰 *Dracocephalum tanguticum* **Maxim.**

多年生草本。茎直立，具分枝，钝四棱形，上部被倒向小毛。叶片轮廓卵状椭圆形，羽状全裂，裂片2~3对，线形，上面无毛，下面密被灰白色短柔毛，边缘全缘，内卷。轮伞花序具4~6花，形成间断的穗状花序；苞片与叶同形而极小，只具1对裂片，两面被短毛，边缘具睫毛；花萼外面中部以下密被伸展的短毛及金黄色腺点，常带紫色，2裂；花冠紫蓝色至暗紫色，外面被短毛；花丝被短毛。花期7~8月。

产宁夏六盘山及固原市原州区，生于山坡草地或山谷。分布于甘肃、青海、四川和西藏。

12. 活血丹属　*Glechoma* L.

（1）白透骨消 *Glechoma biondiana* (Diels) C. Y. Wu et C. Chen

多年生草本。茎四棱形，基部有时带紫色。叶草质，茎中部的最大，心脏形，先端急尖，通常具针状小尖头，基部心形，具长方形基凹，边缘具卵形粗圆齿，齿顶端钝，两面被具节长柔毛。聚伞花序通常3花，呈轮伞花序。花萼管状，外面被长柔毛及微柔毛，萼齿5，略呈二唇形，上唇3齿，较长，下唇2齿，稍短，齿均狭三角形，先端渐尖呈芒状，边缘被缘毛。花冠粉红至淡紫色，钟形，冠檐二唇形；雄蕊4；子房4裂，无毛；小坚果长圆形。花期4~5月，果期5~6月。

产宁夏六盘山，生于溪边、林缘阴湿肥沃土上。分布于甘肃、河北、河南、湖北、陕西、四川。

（2）活血丹 *Glechoma longituba* (Nakai) Kupr.

多年生草本。具根状茎，节上生多数须状支根。茎单生，基部常带紫色，疏被柔毛。叶心形，先端急尖，基部深心形，边缘具整齐的卵形圆钝齿，上面绿色，被平伏短毛，背面紫红色；叶柄被长柔毛。轮伞花序具6花，苞片及小苞片锥形，具缘毛；花梗密被短柔毛；花萼管状，疏被柔毛，略2唇形；花冠粉红色，漏斗状，冠檐2唇形；雄蕊4；花柱细长，与上唇等长。坚果长圆形，褐色，具小凹点。花期4~5月，果期6~7月。

产宁夏六盘山，生于林缘阴湿处。除青海、甘肃、新疆及西藏外，全国各地均有分布。

13. 百里香属 *Thymus* L.

百里香 *Thymus mongolicus* Ronn.

矮小半灌木。茎多数，匍匐或上升；不育枝由茎的末端或基部发出，密被倒向的短柔毛。叶狭卵形，叶脉 3 对，两面无毛，被腺点，全缘；叶柄短，具狭翅，密生缘毛。轮伞花序密集成头状；花梗短，密被短柔毛；花萼钟形，被腺点，2 唇形，上唇 3 裂，下唇 2 裂达全唇片的基部；花冠紫红色或淡紫红色，外面疏被短柔毛，冠檐 2 唇形，上唇直立，倒卵状椭圆形，顶端微凹，下唇开展，3 裂；雄蕊 4，花柱细长，先端等 2 浅裂。花期 6~7 月。

产宁夏贺兰山、六盘山、南华山、麻黄山以及泾源、隆德、固原等市（县），生于山坡、石质河滩地、路边等处。分布于甘肃、河北、内蒙古、青海、陕西和山西。

14. 薄荷属 *Mentha* L.

薄荷 *Mentha canadensis* L.

多年生草本。根状茎直伸或横生。茎直立，多分枝，具槽，常带紫红色，上部被倒向短柔毛，下部仅沿棱被倒向短柔毛。叶椭圆形，先端渐尖，边缘基部以上具粗的浅锯齿，上面被短的糙伏毛，背面沿脉被短柔毛，其余部分被腺点；叶柄腹凹背凸。轮伞花序叶腋生；苞片披针形，边缘具缘毛；花萼钟形，外面被微柔毛，萼齿 5；花冠淡紫红色，花冠筒内喉部以下被疏柔毛，冠檐 4 裂；雄蕊 4，伸出花冠；花柱稍长于雄蕊。花期 7~9 月。

宁夏全区普遍分布，生于山谷溪旁、沟渠边。全国各地普遍分布。

15. 风轮菜属　*Clinopodium* L.

风轮菜 *Clinopodium urticifolium* (Hance) C. Y. Wu et Hsuan ex H. W. Li

多年生草本。根茎节上生多数根。茎直立，单一，具槽，常带紫红色，被开展的长硬毛。叶卵形，边缘具整齐的圆齿状锯齿，上面被平伏长硬毛，下面被平伏长柔毛；叶柄密被长柔毛；苞叶与叶同形。轮伞花序具多花，密集成半球形，彼此远离；苞片线形，暗紫红色，边缘具硬毛；花萼管状，暗紫红色，萼齿 5，不等大；花冠紫红色，冠檐 2 唇形；雄蕊4，前对较长，内藏；花柱稍伸出，先端不等 2 裂。花期 6~7 月。

产宁夏六盘山，生于林缘草地或山谷林下。分布于安徽、福建、广东、广西、湖北、湖南、江苏、江西、山东、台湾、云南和浙江。

16. 筋骨草属　*Ajuga* L.

（1）筋骨草 *Ajuga ciliata* Bunge

多年生草本。茎直立，紫色。叶椭圆形，基部楔形，边缘具不规则的粗锯齿，上面疏被短伏毛，下面被伏柔毛，边缘具缘毛。轮伞花序多数，密集，组成穗状；苞片菱状卵形，全缘，紫红色，边缘具缘毛；花萼钟形，5 裂，裂片狭长三角形，萼齿及其边缘被毛，其余部分无毛；花冠蓝紫色，里面近基部具毛环，冠檐 2 唇形，上唇短，下唇伸长，3 裂；雄蕊4，2 强，花柱先端 2 浅裂。小坚果倒卵状椭圆形。花期 5~6 月，果期 6~7 月。

产宁夏六盘山，生于海拔 1700~1800m 的山坡灌丛中。分布于河北、山西、山东、河南、陕西、甘肃、四川、浙江等。

（2）**紫背金盘** *Ajuga nipponensis* **Makino**

一年生草本。根纤细。茎丛生，密生白色长柔毛。基生叶倒卵状长椭圆形；茎生叶椭圆形，基部楔形，下延，叶边缘均具不规则的圆钝齿，两面被平伏柔毛，边缘具缘毛；叶柄被长柔毛。轮伞花序具多花；苞叶上部渐小呈苞片状；花萼钟形，萼齿5，萼筒无毛；花冠淡蓝色，花冠筒外面疏被短毛，基部稍膨大，里面近基部具毛环，冠檐二唇形，上唇短，下唇伸长，3裂；雄蕊4，2强，伸出；花柱伸出，先端2裂。果实未见。花期6月。

产宁夏六盘山，生于山谷河边或山坡灌丛中。分布于江苏、浙江、安徽、福建、台湾、江西、湖南、广东、广西、四川、云南、陕西等。

（徐永福　拍摄）

17. 水棘针属　*Amethystea* L.

水棘针 *Amethystea caerulea* **L.**

一年生草本。根长圆锥形。茎直立疏被短柔毛，节上稍密。叶片三角形，3深裂达基部，裂片椭圆状披针形，边缘具不规则的锯齿；叶柄具狭翅。具长梗的聚伞花序组成圆锥花序；苞片小，针形，花梗与总花梗均被腺毛；花萼钟形，萼齿5，狭三角形；花冠蓝色，2唇形，上唇2裂，卵形，下唇稍大，3裂；雄蕊4，前对能育，后对退化雄蕊；花柱细长，超出雄蕊。小坚果倒卵状三棱形，背面具网状皱纹。花期6~7月，果期7~8月。

产宁夏六盘山，生于山谷溪边、河岸沙地、田边、路旁。分布于华北及辽宁、吉林、山东、河南、陕西、甘肃、新疆、安徽、湖北、四川、云南等。

18. 莸属　*Caryopteris* Bge.

蒙古莸 *Caryopteris mongholica* Bunge

矮小灌木。老枝灰褐色，幼枝紫褐色，被灰白色短柔毛。单叶对生，披针形，两面密被短绒毛；具短柄，密被灰白色短绒毛。聚伞花序，花梗与总花梗密被灰白色短绒毛；花萼钟形，外面密被灰白色短绒毛，顶端 5 裂，裂片披针形；花冠蓝紫色，高脚碟状，外面被短柔毛，花冠筒细长，先端 5 裂；雄蕊 4，2 强；花柱细长，稍短于雄蕊，柱头 2。果实球形，成熟时裂为 4 个小坚果，斜椭圆形，周围具狭翅。花期 7 月，果期 8~9 月。

产宁夏贺兰山、香山及海原、西吉等县，生于干旱山坡。分布于山西、内蒙古、陕西和甘肃。

19. 黄芩属　*Scutellaria* L.

（1）滇黄芩 *Scutellaria amoena* G. H. Wright.

多年生草本。根状茎粗壮。茎直立被倒向的短柔毛，棱上毛较密。叶卵状披针形，基部楔形，边缘具不整齐的钝锯齿。总状花序顶生；花梗密被开展的柔毛及头状腺毛；小苞片叶状；花冠蓝紫色，花冠筒基囊状膝曲，檐 2 唇形，上唇盔状，下唇 3 裂；雄蕊 4，2 强；花柱细长，柱头不等 2 裂，子房无毛，花盘肥厚，前方隆起。小坚果近球形，黑色，具小瘤状突起。花期 5~6 月，果期 7~9 月。

产宁夏六盘山，生于向阳山坡。分布于四川、贵州和云南。

（2）**甘肃黄芩** *Scutellaria rehderiana* **Diels**

多年生草本。根状茎粗壮。茎直立沿棱被下曲的短柔毛。叶片三角状披针形，全缘或下部具 2~5 个不规则的锯齿或齿牙。总状花序顶生，花序轴密被开展的头状腺毛；花梗密被头状腺毛；花萼盾片均密生头状腺毛；花冠蓝紫色或淡紫色，外面被柔毛及头状腺毛，花冠筒基部囊状膝曲，檐部 2 唇形，上唇盔状，下唇 3 裂；雄蕊 4，2 强；花柱细长，柱头不等 2 裂。小坚果卵状球形，黑色，有小瘤状突起。花期 6~7 月，果期 7~8 月。

产宁夏贺兰山，生于向阳山坡。分布于甘肃、陕西、山西和内蒙古。

（3）**多毛并头黄芩** *Scutellaria scordifolia* **Fisch. ex Schrank**

多年生草本。根状茎生须根。茎直被上曲的短柔毛。叶三角状狭卵形，边缘具锯齿，上面被平伏短柔毛，背面被弯曲的短柔毛。花单生上部叶腋，偏向一侧；花梗密被弯曲的短柔毛，被毛；花萼密被短柔毛和缘毛，被短柔毛；花冠蓝紫色，外面被细柔毛，花冠筒基部囊状膝曲，檐部 2 唇形，上唇盔状，下唇中裂片较大；雄蕊 4，2 强；花柱细长，柱头不等 2 裂；小坚果球形，黄色，被瘤状突起和白色长毛。花期 6~7 月，果期 7~8 月。

产宁夏六盘山、贺兰山及隆德、海原等县，生于山坡草地、路边、沟渠旁。分布于山西、陕西、甘肃、青海等。

（4）细花黄芩 *Scutellaria tenuiflora* C. Y. Wu

一年生草本。主根细长圆锥形。茎直立，单生，密被开展的白色柔毛。叶大形，卵形，基部心形，边缘具较整齐的圆齿状粗锯齿，上面疏被平伏柔毛，背面密被平伏柔毛；叶柄密被柔毛。总状花序，花序下具 1~2 对较小的正常叶；花萼密被腺质柔毛，被毛；花冠蓝紫色，外面被柔毛，花冠筒细长，檐部 2 唇形；雄蕊 4，2 强；花柱细长，柱头不等 2 裂。小坚果卵球形，黑色，具小疣状突起。花期 7~8 月，果期 8~9 月。

产宁夏六盘山，生于山谷林下。分布于陕西。

（5）黄芩 *Scutellaria baicalensis* Georgi

多年生草本。根茎肉质。茎分枝。叶披针形，先端钝，基部圆，全缘，下面密被凹腺点。总状花序，下部苞叶叶状，上部卵状披针形。花萼密被微柔毛，具缘毛；花冠紫红或蓝色，密被腺柔毛，冠筒近基部膝曲，下唇中裂片三角状卵形。小坚果黑褐色，卵球形，被瘤点，腹面近基部具脐状突起。花期 7~8 月，果期 8~9 月。

宁夏固原市各市县有种植。分布于甘肃、河北、黑龙江、河南、湖北、江苏、辽宁、内蒙古、陕西、山东和山西。

20. 假龙头花属 *Physostegia* Benth.

假龙头花 *Physostegia virginiana* Benth.

多年生宿根草本。茎丛生而直立，四棱形。单叶对生，披针形，亮绿色，边缘具锯齿。穗状花序顶生，每轮有花 2 朵，唇瓣短花茎上无叶，苞片极小，花萼筒状钟形，有三角形锐齿，上生黏性腺毛，唇口部膨大，排列紧密，夏季开花，花色有粉色、白色，花期 8~10 月。

宁夏银川植物园有栽培。原产北美，我国华北各地有栽培。

21. 鼬瓣花属 *Galeopsis* L.

鼬瓣花 *Galeopsis bifida* Boenn.

一年生草本。茎具槽，节部明显加粗，被向下的长刚毛。叶卵状披针形，边缘具整齐的粗锯齿，上面被平伏长刚毛，背面沿脉疏被柔毛。轮伞花序生茎的上部，疏离；苞片线形；花萼管状钟形，外面被平伏刚毛，萼齿 5，等大，长三角形，先端长刺状；花冠白色，冠筒背部疏被短柔毛，冠檐 2 唇形；雄蕊 4；花柱与雄蕊等长。小坚果倒卵状三棱形，棕褐色，具灰白色秕鳞。花期 6~7 月，果期 7~8 月。

产宁夏六盘山和南华山，生林缘或路边。分布于甘肃、贵州、黑龙江、湖北、吉林、内蒙古、青海、陕西、山西、四川、西藏和云南。

22. 水苏属 *Stachys* L.

（1）毛水苏 *Stachys baicalensis* Fisch. ex Benth.

多年生草本。茎直立，单一，或在上部具分枝。茎叶长圆状线形，先端稍锐尖，基部圆形，边缘有小的圆齿状锯齿，上面绿色，疏被刚毛，下面淡绿色，沿脉上被刚毛，中肋及侧脉在上面不明显，下面明显。轮伞花序通常具6花，多数组成穗状花序。花萼钟形，外面沿肋及齿缘密被柔毛状具节刚毛，10脉，萼齿5，披针状三角形，先端具刺尖头。花冠淡紫至紫色。小坚果棕褐色。花期7月，果期8月。

产宁夏引黄灌区，生于湿草地及河岸及湖泊。分布于河北、黑龙江、吉林、辽宁、内蒙古、陕西、山东和山西。

（2）甘露子 *Stachys sieboldii* Miq.

多年生草本。茎基部数节生多数须根及横走的根状茎，根状茎灰白色，密被绒毛，节上具鳞片状叶，顶端膨大成念珠状块茎。茎具槽，棱上及节上被长硬毛。叶狭卵形，边缘具圆钝锯齿，上面被平伏长刚毛，背面沿脉被刚毛，其余部分被硬毛。轮伞花序具6~8朵花，组成顶生穗状花序；苞片披针形，向下反折；花萼钟形，带紫色或紫红色，萼齿5，三角形；花冠紫红色，冠檐2唇形；雄蕊4；花柱与后对雄蕊等长。花期7月。

产宁夏六盘山及南华山，生于林缘、灌丛或路边。分布于华北及西北，其他各地均多栽培，宁夏亦有栽培。

23. 糙苏属　*Phlomoides* Moench

（1）尖齿糙苏 *Phlomis dentosa* Franch.

多年生草本。根粗壮。茎直立被短星状毛及混生长硬毛。基生叶三角形，顶端圆钝，基部心形，边缘具不整齐的圆钝齿，上面疏被中枝较长的短星状毛，下面灰白色，密被柔毛和星状柔毛；茎生叶三角状狭卵形；苞叶与茎生叶同形。轮伞花序具多花；苞片锥形，略坚硬，密生星状毛混生长硬毛；花萼管状，外面被短星状毛，沿脉被长硬毛；花冠粉红色，冠檐2唇形；雄蕊4，后对雄蕊较长；花柱与后对雄蕊等长，先端不等2裂。花期6~7月。

产宁夏贺兰山及罗山，生于向阳山坡。分布于河北、内蒙古、甘肃及青海。

（2）串铃草（蒙古糙苏）*Phlomis mongolica* Turcz.

多年生草本。根木质，须状根上常膨大形成块根。茎被开展的硬毛。基生叶三角状卵形，先端钝，基部深心形，边缘具不规则的圆钝齿，上面被平伏长毛，背面脉隆起，被星状毛；苞叶与茎生叶同形。轮伞花序具多花，疏离；苞片线形，密生开展的刚毛和星状毛；花萼管状，被刚毛及短星状毛；花冠淡紫红色，冠檐2唇形；雄蕊4，后对雄蕊较长，花丝不伸出；花柱与后对雄蕊等长，顶端不等2浅裂。

产宁夏六盘山、南华山、香山及西吉、固原市原州区，生于山坡草地、田边地埂等处。分布于甘肃、河北、内蒙古、陕西和山西。

（3）糙苏 *Phlomis umbrosa* Turcz.

多年生草本。根粗壮，须根肉质，呈纺锤状。茎被倒向短柔毛。叶近圆形，边缘具不整齐的圆齿，齿端具胼胝质尖，两面疏被短柔毛及中枝较长的星状毛；苞叶与茎叶同形。轮伞花序生茎的上部，具 4~8 朵花；苞片线形，硬直；花萼管状；花冠粉红色，背部密生长柔毛，冠檐 2 唇形，上唇盔状，下唇 3 圆裂；雄蕊 4，后对雄蕊较长，伸于上唇下；花柱与后对雄蕊等长。花期 6~7 月。

产宁夏六盘山和罗山，生于林缘和灌木丛中。分布于安徽、甘肃、广东、贵州、河北、河南、湖北、湖南、江苏、辽宁、内蒙古、陕西、山东、山西、四川和云南。

24. 兔唇花属 *Lagochilus* Bunge

冬青叶兔唇花 *Lagochilus ilicifolius* Bunge ex Benth.

多年生草本。根木质，圆柱形。茎多由基部分枝，灰白色，密被白色短硬毛。叶楔状菱形，先端具 3~5 个裂齿，齿端具短芒状刺尖，硬革质，两面无毛。轮伞花序具 2~4 朵花，生于茎中上部叶腋内；苞片针刺状，无毛；花萼钟形，硬革质，无毛，萼齿 5，不等大；花冠淡黄色，上唇直立，具明显的紫褐色网纹，下唇 3 裂；雄蕊 4，前对雄蕊较长；花柱与前对雄蕊等长，先端等 2 浅裂。花期 6~7 月。

产宁夏中卫、青铜峡、银川、贺兰、平罗、石嘴山、陶乐、盐池等市（县），生沙地及贺兰山东麓冲积扇上。分布于内蒙古、陕西和甘肃。

25. 益母草属　*Leonurus* L.

（1）益母草 *Leonurus japonicus* Houtt.

一年生或二年生草本。根长圆锥形。茎直立，具槽，上部棱上密生倒向短伏毛。叶片形状变化较大，下部叶片掌状 3 深裂；中部叶菱形，3 深裂；花序最上部的苞叶线形，全缘或具少数齿牙。轮伞花序腋生，组成顶生穗状花序；苞片刺状；花萼管状钟形，萼齿 5；花冠粉红色至淡紫红色，上唇直全缘，下唇短于上唇，3 裂；雄蕊 4，花柱与前对雄蕊等长。小坚果倒卵状三棱形，顶端截平，黑色，光滑。花期 6~8 月，果期 7~9 月。

产宁夏贺兰山及引黄灌区各县，生于山坡灌丛、荒地、果园、田埂。分布于安徽、福建、甘肃、广东、广西、贵州、海南、河北、黑龙江、河南、湖北、湖南、江苏和江西。

（2）细叶益母草 *Leonurus sibiricus* L.

一年生或二年生草本。根长圆锥形。茎直立具槽，棱上密被倒向平伏短毛。茎下部的叶早落，中部的叶轮廓为卵形，掌状 3 全裂，再羽状分裂或 3 裂，上面被短的糙伏毛，下面被平伏短柔毛；上部苞叶轮廓近菱形，3 全裂，裂片线形，中裂片再 3 裂。轮伞花序腋生，组成穗状花序；小苞片刺状；花萼管状钟形，萼齿 5；花冠粉红色，冠檐 2 唇形；雄蕊 4，花柱与前对雄蕊等长。小坚果椭圆状三棱形，顶端截平。花期 6~8 月，果期 9 月。

产宁夏贺兰山及盐池、银川、中卫等市（县），生于山坡草地或沙质地。分布于河北、内蒙古、陕西和山西。

26. 夏至草属 *Lagopsis* (Bunge ex Benth.) Bunge

夏至草 *Lagopsis supina* (Steph. ex Willd.) Ik.-Gal. ex Knorr.

多年生草本。根圆锥形。茎从基部分枝，被白色短柔毛。叶宽卵形，3 裂，裂片先端具齿，齿端具小突尖，上面被平伏短毛，背面被柔毛。轮伞花序疏散，小苞片针形；花萼管状钟形，具 5 脉，外面被柔毛，萼齿 5，三角形，其中 2 齿稍大，先端具硬刺尖；花冠白色，外面被白色长柔毛，冠檐 2 唇形，上唇直伸，较下唇长，下唇 3 浅裂；雄蕊 4，内藏；花柱与雄蕊等长，先端 2 浅裂。小坚果长卵形，褐色，有鳞秕。花期 5~6 月，果期 6~7 月。

产宁夏贺兰山、六盘山及泾源、固原等市（县），生于荒地、路边、田野及村庄附近。分布于安徽、甘肃、贵州、河北和黑龙江。

27. 脓疮草属 *Panzerina* Soják

脓疮草 *Panzerina lanata* (L.) Sojak var. *alaschanica* (Kuprian.) H. W. Li

多年生草本。主根粗壮，长圆锥形。茎直立密生白色绒毛。叶片轮廓卵圆形，茎生叶 3~5 深裂，裂片再不规则羽状裂，小裂片卵形，上面被白色平伏短柔毛，下面密被灰白色绒毛；苞叶与茎生叶同形。轮伞花序具多花，组成穗状花序；苞片线形，先端具硬刺尖；花萼管状钟形，外面密被绒毛，萼齿 5；花冠淡黄白色或白色，外面密生长柔毛，冠檐 2 唇形；雄蕊 4，前对稍长，与花冠等长；花柱短于雄蕊，先端等 2 浅裂。花期 5~7 月。

产宁夏中卫、青铜峡、银川、贺兰、平罗、石嘴山等市（县），生于沙质地上。分布于内蒙古、陕西和新疆。

28. 野芝麻属 *Lamium* L.

（1）宝盖草 *Lamium amplexicaule* L.

一年生草本。茎直立或斜升，基部多分枝。叶肾形，先端圆形，基部截形，半抱茎，边缘具深的圆齿，两面被平伏柔毛；茎下部叶具柄，近无毛。轮伞花序具花 6~10 朵，花萼管状钟形，外面密被白色长柔毛，萼齿 5。花冠紫红色，花冠筒细长，冠檐 2 唇形；雄蕊花丝无毛；花柱先端不等 2 浅裂。小坚果倒卵状三棱形，顶端近截形，淡灰黄色，表面具白色疣状突起。花期 6~7 月，果期 7~8 月。

产宁夏六盘山及泾源、隆德等县，生于林缘、草地、路旁、田边或村庄附近。分布于安徽、福建、甘肃、贵州、河南、湖北、湖南、江苏、青海、陕西、四川、新疆、西藏、云南和浙江。

（2）短柄野芝麻 *Lamium album* L.

多年生草本。茎直立单生。叶卵形，先端尾状长渐尖，下部叶常急尖，基部浅心形，下部常截形，边缘具不规则的牙齿状锯齿，上面被平伏硬毛，下面疏被短硬毛，沿脉稍密；叶柄疏被硬毛；苞叶与茎叶同形，近无柄；轮伞花序具 8~9 朵花；苞片线形，边缘具硬毛；花萼钟形，外面疏被刚毛及短硬毛，萼齿 5，披针形；花冠污白色，冠檐 2 唇形，上唇直伸，下唇较长，3 裂；雄蕊花丝扁平，上部被柔毛；花柱顶端近等 2 浅裂。花期 6~7 月。

产宁夏六盘山，生于林缘草地。分布于甘肃、内蒙古、山西和新疆。

（3）野芝麻 *Lamium barbatum* Sieb. et Zucc.

多年生草本。具根状茎，节上密生须状根。茎直立单生。叶卵形，先端尾状长渐尖，基部心形，边缘具不规则的牙齿状锯齿，齿尖具胼胝质的小尖，两面被平伏硬毛；叶柄被硬毛。轮伞花序具 4~14 朵花；苞叶与茎叶同形，具柄；苞片丝状；花萼钟形，外面疏被硬毛，萼齿 5，披针状锥形；花冠淡黄色，背部疏被短柔毛，冠檐 2 唇形，上唇直伸，下唇开展，3 裂；雄蕊花丝扁平，微被柔毛；花柱先端近等 2 裂。花期 6~7 月。

产宁夏六盘山，生于阴坡草地或灌木丛中、路边等处。分布于安徽、甘肃、贵州、河北、黑龙江、河南、湖北、湖南、江苏、吉林、辽宁、内蒙古、陕西、山东、山西、四川和浙江。

一三〇　通泉草科　**Eucommiaceae**

1. 野胡麻属　*Dodartia* L.

野胡麻 *Dodartia orientalis* L.

多年生草本。根粗壮。茎直立，由基部开始多回分枝。叶疏生，茎下部的对生或近对生，上部的互生，宽线形；无柄。总状花序生枝顶，花疏离；花梗极短，无毛；苞片线形；花萼钟形，无毛，萼齿5，三角形；花冠深蓝紫色，花冠筒长筒状，冠檐2唇形，上唇2浅裂，下唇3裂；雄蕊4，2强，前对较长；子房卵球形，花柱直伸，柱头2裂。蒴果近球形，具短尖头；种子卵形，暗褐色，表面具颗粒状纹。花期5~7月，果期7~8月。

产宁夏石嘴山、银川、永宁等市（县），生于田边、路旁。分布于甘肃、内蒙古、四川和新疆。

2. 肉果草属　*Lancea* Hook. f. et Thoms.

肉果草 *Lancea tibetica* Hook. f. et Thoms.

多年生矮小草本。除叶柄被毛外其余均无毛。根状茎细长，具节，节上具1对膜质鳞片及须根。叶对生于茎基部缩短的节上，呈莲座状，叶片倒卵形，具小尖头，无柄。花3~5朵簇生或成短总状花序顶生；苞片钻状披针形；花萼钟形，檐部5齿裂，裂片钻状三角形；花冠深蓝色或紫色，2唇形，上唇2裂，下唇3裂；雄蕊4，花丝无毛；柱头扇状。果实球形，肉质，红色或深紫色，苞藏于宿存的花萼内。花期6~7月，果期7~9月。

产宁夏六盘山及隆德、西吉等县，生于林缘、山谷草地、田边。分布于甘肃、青海、四川、云南、西藏等。

3. 通泉草属 *Mazus* Lour.

通泉草 *Mazus pumilus* (N. L. Burman) Steenis

一年生草本。基生叶少到多数，有时成莲座状或早落，倒卵状匙形至卵状倒披针形，膜质至薄纸质，顶端全缘或有不明显的疏齿，基部楔形，下延成带翅的叶柄，边缘具不规则的粗齿或基部有 1~2 片浅羽裂；茎生叶对生或互生。总状花序生于茎、枝顶端，通常 3~20 朵，花稀疏；花萼钟状，萼片与萼筒近等长，卵形；花冠白色、紫色或蓝色，上唇裂片卵状三角形，下唇中裂片较小，稍突出，倒卵圆形；子房无毛。蒴果球形。花果期 4~10 月。

产宁夏石嘴山市，生于沟边、路旁及林缘。遍布全国，仅内蒙古、青海、新疆未见标本。

一三一 透骨草科 Phrymaceae

沟酸浆属 *Mimulus* L.

四川沟酸浆 *Mimulus szechuanensis* Pai

多年生草本。根状茎细长。茎直立，四棱形，棱角上具狭翅，常分枝。单叶对生，叶片卵形，边缘具疏齿。花单生叶腋，花梗细长；花萼筒形，具5棱，口斜截形，萼齿5，后方1枚略大，棱及口缘具多细胞毛，果时花萼膨大成囊泡状；花冠二唇形，黄色，喉部有紫色斑，上唇2裂，下唇3裂，有2条纵毛列。蒴果长椭圆形；种子表面具网纹。

产宁夏六盘山，生于海拔1800m左右的林下、林缘、山谷草地。分布于湖南、湖北、陕西、甘肃和云南。

一三二 泡桐科 Paulowniaceae

泡桐属 *Paulownia* Siebold & Zucc.

毛泡桐 *Paulownia tomentosa* (Thunb.) Steud.

乔木。叶片心脏形，顶端锐尖头，全缘或波状浅裂。花序为金字塔形或狭圆锥形，花萼浅钟形，萼齿卵状长圆形；花冠紫色，漏斗状钟形，檐部2唇形；子房卵圆形，有腺毛，花柱短于雄蕊。蒴果卵圆形。花期4~5月，果期8~9月。

宁夏部分市县有栽培。分布于辽宁、河北、河南、山东、江苏、安徽、湖北、江西等。

1. 地黄属 *Rehmannia* Libosch. ex Fisch. et Mey.

地黄 *Rehmannia glutinosa* (Gaert.) Libosch. ex Fisch. et Mey.

多年生草本。根状茎肉质。全株被多细胞柔毛及腺毛，茎直立。叶基生，呈莲座状，叶片倒卵状长椭圆形，基部渐狭成长叶柄。总状花序顶生，苞片叶状，小；花萼宽钟状，萼齿 5，卵状披针形，花冠筒形，外面紫红色，花冠裂片 5，外面紫红色，里面黄色具紫斑；雄蕊 4，花柱细长，柱头 2 裂，裂片片状。蒴果卵圆形，先端具喙；种子多数，褐色，卵状三角形，表面具蜂窝状网纹。花期 5~6 月，果期 6~7 月。

产宁夏贺兰山及石嘴山、平罗等市（县），生于山崖、山坡、路边及沙质地。分布于甘肃、河北、河南、湖北、江苏、辽宁、内蒙古、陕西、山东和山西。

2. 阴行草属 *Siphonostegia* Benth.

阴行草 *Siphonostegia chinensis* Benth.

一年生草本。全株被锈色短毛或混生腺毛。茎直立。叶对生，叶片2回羽状全裂，裂片3对，线状披针形。总状花序顶生；苞叶叶状，对生；花梗上部具2小苞片；萼筒细管状，具10脉，萼齿5，披针形；花冠筒直伸，檐部2唇形，上唇红紫色，镰状弓曲，下唇黄色，顶端3裂，褶襞高隆起成瓣状；雄蕊4，2强，花丝被毛；子房无毛，花柱与花冠等长，柱头头状。蒴果披针状矩圆形，包于宿存萼内。花期7~8月，果期8~9月。

产宁夏六盘山，生于山坡草地。分布于全国各地。

3. 大黄花属 *Cymbaria* L.

光药大黄花 （蒙古芯芭） *Cymbaria mongolica* Maxim.

多年生草本。根状茎多分枝，密生浅棕色棉毛，具褐色鳞片。茎丛生，斜升，密生短柔毛。叶对生，叶片长椭圆形，先端急尖，基部渐狭，全缘，上面近无毛，背面具短毛；无柄。花生于茎上部叶腋；花梗被柔毛；小苞片2，披针形；花萼筒沿脉被柔毛，萼齿5，线形，萼齿间具2小齿；花冠黄色，花冠筒喉部稍扩大，檐部2唇形，上唇略呈盔状，下唇较上唇稍长，3裂；雄蕊4，2强。蒴果长卵形。花期5~6月，果期7~8月。

产宁夏贺兰山、南华山、香山及固原市原州区，生于向阳山坡。分布于甘肃、河北、内蒙古、青海、陕西和山西。

4. 肉苁蓉属 *Cistanche* Hoff. et Link

（1）肉苁蓉 *Cistanche deserticola* Ma

多年生草木。茎圆柱形，肉质，几乎全在地下。叶鳞片状，排列紧密，淡黄色，下部的宽卵形，上部的长卵状披针形。穗状花序顶生；苞片狭披针形，与花冠等长或稍长，连同小苞片背面及边缘疏生柔毛或近无毛；花萼钟状，檐部 5 浅裂，裂片半圆形，淡黄白色、浅紫色；雄蕊 4，花丝基部具长柔毛，花药长卵形，被皱曲长柔毛；子房椭圆形，基部有黄色腺点，花柱长，弯曲，无毛，柱头头状。蒴果卵球形，2 瓣开裂，花柱宿存。

宁夏中卫、永宁等市（县）有栽培。分布于内蒙古、甘肃和新疆。

（2）沙苁蓉 *Cistanche sinensis* G. Beck.

多年生草本。茎直立，肉质，圆柱形，鲜黄色，常自基部分枝，上部不分枝。叶鳞片状，卵状披针形。穗状花序顶生，圆柱形；苞片矩圆状披针形，背面及边缘密被蛛丝状毛，较花萼长；小苞片线形，被蛛丝状毛；花萼钟形，4 深裂，向轴面深裂达基部，裂片矩圆状披针形，多少被蛛丝状毛；花冠淡黄色，稀裂片带淡红色，管状钟形，花冠筒内雄蕊着生处有一圈长柔毛；花药被长柔毛。蒴果 2 深裂。花期 5~6 月，果期 6~7 月。

产宁夏贺兰山、青铜峡、中卫、盐池等（市）县，生于沙质地或丘陵坡地。分布于甘肃、内蒙古和新疆。

（3）盐生肉苁蓉 *Cistanche salsa* (C. A. Mey.) G. Beck

多年生草本。茎直立，肉质，黄色，单一，不分枝。叶鳞片状，螺旋状排列，卵状披针形，在茎下部排列较紧密，上部稍疏松且渐长。穗状花序顶生，圆柱状；苞片卵状披针形，小苞片与花萼近等长，狭披针形；花萼钟形，5 浅裂，裂片卵形；花冠筒状钟形，筒部白色，筒内离轴方向具 2 条凸起的黄色纵纹，檐部 5 裂，裂片半圆形，淡紫色；雄蕊 4，花丝基部及花药上被长柔毛。蒴果椭圆形，2 瓣开裂。花期 5~6 月，果期 6~7 月。

产宁夏平罗县，生于荒漠草原上，寄生在盐爪爪和红砂等植物上。分布于内蒙古、甘肃、青海和新疆。

5. 列当属　*Orobanche* L.

（1）弯管列当（欧亚列当）*Orobanche cernua* Loefl.

一年生寄生草本。全株被腺毛。茎直立，单一，不分枝，肉质，粗壮，褐黄色。叶鳞片状，卵形，先端尖，褐黄色。穗状花序顶生；苞片卵状披针形，先端渐尖，花萼 2 深裂达基部，每裂片再 2 裂达中部以下；花冠筒形，筒部淡黄色，檐部淡紫色，2 唇形，上唇 2 浅裂，下唇 3 浅裂；雄蕊 4，着生于花冠筒中部以下，花丝无毛，花药无毛。子房上位，花柱细长，柱头 2 裂。蒴果椭圆形，褐色，顶端 2 裂。花期 6~7 月，果期 7~8 月。

产宁夏贺兰山及银川、盐池等市（县），生于山坡、荒地及田边。分布于甘肃、河北、吉林、内蒙古、青海、陕西、山西、四川、西藏和新疆。

（2）列当 *Orobanche coerulescens* Steph.

一年生寄生草本。全株被蛛丝状棉毛。茎直立，不分枝，肉质，粗壮，黄褐色。叶鳞片状，互生，狭卵形，先端尖。穗状花序顶生；苞片卵状披针形，稍短于花，先端尾状渐尖；花萼2深裂达基部，每一裂片再2浅裂；花冠筒形，蓝紫色或淡紫色，筒部稍弯曲，檐部2唇形，上唇宽，下唇3裂，中裂片较大；雄蕊4，花丝基部被毛；子房上位，椭圆形，柱头头状。蒴果卵状椭圆形，2瓣裂。花期7月，果期8月。

产宁夏全区，生于山坡草地、沙地。分布于甘肃、河北、黑龙江、湖北、吉林、辽宁、内蒙古、青海、陕西、山东、山西、四川、新疆、西藏和云南。

（3）黄花列当 *Orobanche pycnostachya* Hance

二年生或多年生寄生草本。全株密生腺毛。茎直立，单一，不分枝，肉质，粗壮，黄褐色。叶鳞片状，卵状披针形，先端尾状渐尖，黄褐色。穗状花序顶生；苞片卵状披针形，先端尾尖；花萼2深裂达基部，每裂片再2中裂；花冠筒形，黄色，檐部2唇形，上唇浅裂，下唇3浅裂，中裂片较大；雄蕊4，着生于花冠筒中部以下，花丝基部稍生腺毛；子房上位，花柱细长，伸出花冠外，疏被腺毛。蒴果矩圆形，2瓣裂。花期7月，果期8月。

产宁夏盐池、中卫、同心等市（县），生于山坡、草地或沙丘上。分布于安徽、福建、河北、黑龙江、河南、江苏、吉林、辽宁、内蒙古、陕西、山东、山西和浙江。

6. 山罗花属　*Melampyrum* L.

山罗花 *Melampyrum roseum* Maxim.

一年生草本。茎多分枝，枝对生，近四棱形，沿沟槽被短毛。叶长卵形，先端长渐尖，全缘，两面沿脉疏被短毛；叶柄疏被短毛。总状花序生枝端，苞叶与叶同形，向上渐小；花萼钟形，疏被短毛，萼齿 4，不等长，边缘具短缘毛，背面沿脉被短毛；花冠蓝紫色至紫红色，外面疏被短毛，冠檐 2 唇形，上唇盔状，里面密被须毛，下唇顶端 3 裂；雄蕊 4，2 强，花丝被毛，花药椭圆形，先端尖，基部具 2 锥状突尖。花期 7 月。

产宁夏六盘山，生于山坡林下或林缘。分布于安徽、福建、甘肃、广东、贵州、河北、黑龙江、河南、湖北、湖南、江苏、江西、吉林、辽宁、陕西、山东、山西和浙江。

7. 小米草属　*Euphrasia* L.

（1）小米草 *Euphrasia pectinata* Ten.

一年生草本。茎直立被白色柔毛。叶对生，卵形，先端尖，基部宽楔形，每边具数个深的尖锯齿，两面沿叶脉及边缘具短硬毛；无柄。穗状花序顶生；苞叶与茎生叶同形且较大，对生；花萼管状，4 裂，裂片三角状披针形，被短硬毛；花冠白色或淡紫色，具暗紫色条纹，外面被柔毛，背面较密，花冠筒长檐部 2 唇形，上唇 2 浅裂片，下唇 3 裂；雄蕊 4。花柱细长，柱头头状。蒴果卵状矩圆形，被柔毛。花期 7~8 月，果期 9 月。

产宁夏六盘山、贺兰山、罗山、南华山，生于阳坡草地或灌丛中。分布于甘肃、河北、黑龙江、吉林、辽宁、内蒙古、青海、山东、山西、四川和新疆。

（2）短腺小米草 *Euphrasia regelii* Wettst.

本种与小米草 *E. pectinata* 极为近似，其主要区别是本种的叶顶部与花萼具头状短腺毛；花冠较小。

产宁夏六盘山及贺兰山，生于海拔 1700~2200m 的山地林缘、灌丛、草地。分布于甘肃、河北、湖北、内蒙古、青海、陕西、山西、四川、新疆、西藏和云南。

8. 疗齿草属　*Odontites* Ludwig.

疗齿草 *Odontites vulgaris* Moench

一年生草本。全株被贴伏倒生的白色细硬毛。茎上部四棱形，中上部具分枝。叶对生，披针形，先端渐尖，边缘具不规则的疏生细锯齿，上面被平伏毛，下面被平伏短硬毛；无柄。总状花序顶生；苞叶叶状，对生；花梗极短，被倒生硬毛；花萼钟形被长硬毛，萼筒长

4 裂，裂片狭长三角形；花冠紫红色，外面被白色柔毛，檐部 2 唇形，上唇略呈盔状，下唇 3 裂；雄蕊与上唇略等长。蒴果矩圆形，略扁，被长硬毛。花期 7~8 月，果期 8~9 月。

产宁夏贺兰山及西吉等县，生于湿润草地或水沟边。分布于甘肃、河北、黑龙江、吉林、辽宁、内蒙古、青海、陕西、山西和新疆。

9. 马先蒿属　*Pedicularis* L.

（1）阿拉善马先蒿 *Pedicularis alaschanica* Maxim.

多年生草本。根圆锥形。茎自基部多分枝，呈丛生状，密被锈色短柔毛。基生叶早枯，茎生叶下部对生，叶片披针状长椭圆形，羽状全裂。穗状花序顶生；苞片叶状，上部线形；花萼管状钟形，具 10 脉，萼齿 5；花冠黄色，花冠筒在中上部稍向前屈膝，盔镰状弓曲，额向前下方倾斜，端渐细成稍下弯的喙，下唇与盔等长，3 浅裂，中裂片甚小，侧裂片大；雄蕊花丝仅 1 对上端被柔毛。蒴果卵形，先端凸尖。花期 7~8 月，果期 8~9 月。

产宁夏贺兰山，生于山谷草地或山坡。分布于甘肃、内蒙古、西藏和青海。

（2）短茎马先蒿 *Pedicularis artselaeri* Maxim.

多年生草本。根状茎短，根肉质，纺锤形。茎细弱而短，被柔毛，基部具棕褐色膜质鳞片。叶片矩圆状披针形，羽状全裂，裂片椭圆形，8~14 对，裂片再羽状深裂，边缘具不规则的缺刻状重锯齿。花腋生；花梗细弱，被灰白色长柔毛；花萼筒形，密被灰白色长柔毛，萼裂片 5；花冠淡紫红色，花冠圆筒状，上部微作镰形弓曲，下唇较盔长；雄蕊花丝均被长柔毛。蒴果卵圆形，包藏于宿存的花萼内，宿存花萼卵形。花期 5~6 月，果期 6 月。

产宁夏罗山，生于山坡草地或林下。分布于河北、山西、陕西、甘肃、青海、四川和湖北。

（3）中国马先蒿 *Pedicularis chinensis* Maxim.

一年生草本。根圆锥形，具分枝。茎自基部多分枝，具纵沟棱。基生叶丛生，茎生叶互生，叶片线状长椭圆形，羽裂，宽卵形。总状花序顶生；苞片叶状；花梗短；花萼筒状，被白色长卷曲毛；花冠黄色，花冠筒细长，盔直立，喙半环状指向喉部，侧裂片斜心形，顶端圆，外侧基部耳形，中裂片扁圆形，顶端微凹，边缘具短睫毛；雄蕊花丝均被密毛。蒴果长圆状披针形，稍偏斜，先端有小凸尖。花期 7~8 月，果期 8~9 月。

产宁夏六盘山及南华山，生于高山草地。分布于甘肃、河北、内蒙古、青海、陕西和山西。

（4）弯管马先蒿 *Pedicularis curvituba* **Maxim.**

一年生草本。茎自基部多分枝，四棱形，具4裂短柔毛。叶4枚轮生，叶片长椭圆状披针形，羽状全裂，裂片线形。总状花序顶生；苞片叶状，基部扩展为卵形，背面疏被柔毛；花萼卵状钟形，萼齿5，不等大；花冠黄色，花冠管在萼开口处向前曲膝，盔弧形弯曲，直立部分内侧有1对三角形小凸起，盔端渐细成喙，喙端平截，下唇与盔近等长，侧裂片大，中裂片小；雄蕊花丝均被毛；花柱稍伸出。蒴果狭斜卵形。花期7~8月，果期8~9月。

产宁夏六盘山、罗山及南华山，生于海拔2400m左右的山坡草地或灌丛下。分布于甘肃、河北、内蒙古和陕西。

（5）美观马先蒿 *Pedicularis decora* **Franch.**

多年生草本。根茎粗壮肉质。茎直立，单生。叶互生，披针形，羽状深裂，裂片椭圆形，边缘具不规则重锯齿，两面疏被白色长柔毛；无叶柄。穗状花序顶生，密被腺毛；下部的苞片叶状，狭卵形，具尾状尖，全缘，被毛；花萼钟形，被腺毛，萼齿5，三角状披针形；花冠黄色，舟形，下缘具长须毛，下唇与盔近等长，裂片卵形，先端钝，具缘毛；花丝无毛；花柱自喙端伸出。蒴果卵圆形，稍扁，先端具刺尖。花期6~7月，果期7~8月。

产宁夏六盘山及罗山，生于林缘。分布于陕西、甘肃、青海和四川。

（6）甘肃马先蒿 *Pedicularis kansuensis* Maxim.

一年生或二年生草本。茎直立，多由基部分枝，上部不分枝，具4列短柔毛。基生叶具长柄，茎生叶叶柄较短，4枚轮生，叶片长椭圆形，羽状全裂，裂片椭圆形，羽状深裂。总状花序顶生；苞片下部的叶状，上部的3裂；花萼近球形，萼齿5；花冠淡紫红色，花冠管在基部以上向前曲膝，盔长微镰状弓曲，额高凸，顶端具波状的鸡冠状突起，下唇长于盔；雄蕊花丝1对有毛；柱头略伸出。蒴果狭斜卵形。花期6~7月，果期7~8月。

产宁夏南华山及隆德、西吉等县，生于山坡草地、路旁及田边。分布于甘肃、青海、四川和西藏等。

（7）藓生马先蒿 *Pedicularis muscicola* Maxim.

多年生草本。干后多变黑。根圆锥状。茎丛生、斜升，被白色柔毛。叶互生，叶片长椭圆形，羽状全裂，裂片卵状披针形。花生叶腋，花梗被柔毛；花萼长管状，被柔毛，前方不裂，萼齿5；花冠玫瑰红色，花冠管细长，疏被白色柔毛，盔几在基部即向左方扭折使其顶部向下，前端渐细为卷曲或S形的长喙，喙反向上方卷曲，下唇极大；雄蕊花丝均无毛；花柱稍伸出于喙端。蒴果卵圆形，包藏于宿存花萼内。花期5~7月，果期7~8月。

产宁夏贺兰山、罗山、南华山、六盘山及隆德等县，生于林下或阴湿的灌丛中。分布于甘肃、河北、湖北、内蒙古、青海、陕西和山西。

（8）粗野马先蒿 *Pedicularis rudis* Maxim.

多年生草本。根状茎粗壮，肉质。茎直立，上部分枝，被柔毛。无基生叶，茎生叶互生，线状披针形，羽状深裂，裂片矩圆形，边缘具重锯齿，两面被毛；叶无柄，抱茎。穗状花序顶生，被腺毛；苞片略长于花萼；花萼狭钟形，密被腺毛，萼齿5；花冠白色，盔上部紫红色，弓曲，向前面成舟形，额部黄色，端稍上仰而成一小凸喙，下唇裂片卵状椭圆形；花柱不在喙端伸出。蒴果宽卵形，略侧扁，前端具刺尖。花期7~8月，果期8~9月。

产宁夏贺兰山、六盘山及西吉、隆德等县，生于灌丛或山坡草地。分布于内蒙古、甘肃、青海、四川和西藏。

（9）红纹马先蒿 *Pedicularis striata* Pall.

多年生草本。根粗壮。茎直立，密被短卷毛。叶互生，基生叶丛生，开花时枯萎，茎生叶向上渐小，至花序中成苞片；叶片披针形，羽状深裂至全裂，裂片线形。穗状花序顶生，花序轴密被短柔毛；苞片下部叶状，上部的3裂；花萼管状钟形，萼齿5；花冠黄色，具绛红色条纹，花冠筒在喉部以下向右扭旋，使花冠稍偏向右方，盔长向前端镰刀状弯曲，先端下缘具2齿，下唇稍短于盔。蒴果卵圆形，具短凸尖。花期6~7月，果期7~8月。

产宁夏贺兰山、六盘山及罗山，生于林缘及山坡草地。分布于甘肃、河北、辽宁、内蒙古、陕西和山西。

（10）穗花马先蒿 *Pedicularis spicata* Pall.

一年生草本。根多分枝，木质化。茎成丛生状，沿棱具 4 列白色长柔毛。基生叶具柄，茎生叶多 4 枚轮生，叶片长椭圆状披针形，羽裂，裂片三角状卵形。穗状花序顶生；下部的苞片叶状，上部的菱状卵形；花萼钟形，被柔毛，萼齿 3；花冠紫红色，花冠筒在花萼口向前方以近直角屈膝，盔长指向上方，额高凸；下唇中裂片较小，侧裂片较大；柱头由盔端稍伸出。蒴果斜狭卵形，无毛，先端具短尖，先端伸出宿存花萼。花期 5~8 月，果期 6~9 月。

产宁夏六盘山、南华山、月亮山及固原市原州区，生于海拔 2500m 左右的山谷溪流旁或阴坡灌丛下。分布于甘肃、河北、黑龙江、湖北、吉林、辽宁、内蒙古、陕西、山西和四川。

（11）轮叶马先蒿 *Pedicularis verticillata* L.

多年生草本。根长圆锥形，根颈端具膜质鳞片。茎丛生，上部近四棱形，具 4 列白色卷曲柔毛。基生叶存在且较茎生叶长；茎生叶 4 枚轮生，叶片长椭圆形，羽状深裂至全裂，裂片长椭圆形。总状花序顶生，苞片叶状；花萼球状卵圆形；花冠紫红色，盔略弓曲，额圆形，下缘先端微有凸尖，下唇与盔等长，中裂片较小，圆形；雄蕊花丝 1 对被毛；花柱稍伸出。蒴果卵状披针形。花期 6~7 月，果期 7~8 月。

产宁夏六盘山，生于向阳山坡草地。分布于甘肃、河北、黑龙江、吉林、辽宁、内蒙古、青海、陕西、山西、四川和西藏。

10. 松蒿属　*Phtheirospermum* Bunge ex Fisch. & C. A. Mey.

松蒿 *Phtheirospermum japonicum* (Thunb.) Kanitz

一年生草本。全株被多细胞腺毛。茎直立，上部分枝。叶对生，叶片长三角状卵形，羽状全裂、深裂至浅裂，裂片长卵形。花生于上部叶腋；花萼钟形，果期增大，5 裂至中部，裂片长卵形，上部羽状浅裂至深裂；花冠粉红色或紫红色，被短柔毛，下唇中裂片较长，两条皱褶上密被白色长柔毛；雄蕊被短柔毛；花柱果期宿存，被短柔毛。蒴果卵形，密被腺毛和短柔毛，先端具弯喙。花果期 8~9 月。

产宁夏六盘山，生于海拔 1800m 左右的林缘、灌丛和沟谷草地。分布于我国除青海、新疆之外的各地。

桔梗科　Campanulaceae

1. 桔梗属　*Platycodon* A. DC.

桔梗 *Platycodon grandiflorus* (Jacq.) A. DC.

茎高 20~120cm。叶全部轮生，部分轮生至全部互生，无柄或有极短的柄，叶片卵形，卵状椭圆形至披针形，基部宽楔形至圆钝，顶端急尖，上面无毛而绿色，边缘具细锯齿。花单朵顶生，或数朵集成假总状花序，或有花序分枝而集成圆锥花序；花萼筒部半圆球状或圆球状倒锥形，被白粉，裂片三角形，或狭三角形；花冠大，蓝色或紫色。蒴果球状，或球状倒圆锥形，或倒卵状。花期 7~9 月。

宁夏部分区域有栽培。分布于东北、华北、华东、华中以及广东、广西、贵州、云南、四川和陕西。

2. 党参属 *Codonopsis* Wall.

（1）党参 *Codonopsis pilosula* (Franch.) Nannf.

多年生草质缠绕藤本。全株有臭味，含白色乳汁。根肉质，锥状圆柱形。茎细长，多分枝，绿色，下部带紫色，无毛。叶互生，卵形，两面疏被短硬毛；叶柄疏被短硬毛。花1~3朵生于分枝顶端，花梗细，无毛；花萼无毛，裂片5，卵状披针形，全缘；花冠宽钟形，淡黄绿色，先端5浅裂，裂片三角形；雄蕊5，花丝分离，无毛；子房半下位，花柱短，柱头3，卵形。蒴果圆锥形，3瓣裂，花萼宿存。花期7~8月，果期8~9月。

产宁夏六盘山，生于林缘、灌丛或草丛中。分布于东北、华北及河南、陕西、甘肃、四川等。

（2）秦岭党参 *Codonopsis tsinlingensis* Pax et Hoffm.

多年生草本。含白色乳汁。根肉质，圆锥状长圆柱形。茎倾斜上升，由根头生出数条或由基部分枝，疏被白色短硬毛。茎下部的叶对生或假对生，茎上部的叶互生，分枝上的叶对生，宽卵形。花单生；花萼被毛，裂片 5，三角状披针形，边缘具短缘毛；花冠钟形，蓝色，顶端 5 裂，裂片卵状三角形，先端尖，里面被柔毛。果实未见。花期 7~8 月。

产宁夏六盘山，生于高山草丛中或灌丛中。分布于陕西。

3. 风铃草属　*Campanula* L.

紫斑风铃草 *Campanula punctata* Lamk.

多年生草本。茎直立。常带紫色，密生白色短硬毛。单叶互生；叶片卵形，先端渐尖，基部下延至叶柄成狭翅，边缘具不规则的浅锯齿，两面被短硬毛。花单生，下垂，花梗被短硬毛；花萼裂片 5，三角状狭披针形，背面被硬毛，萼齿间具反折的三角状附属体；花冠钟形，白色，里面有暗紫色斑点，顶端 5 浅裂，裂片卵状三角形；雄蕊 5，子房下位，花柱无毛，柱头 3 裂。蒴果半球状倒锥形，3 瓣裂。花期 6~7 月，果期 8~9 月。

产宁夏六盘山，生山坡草地或山地路旁。分布于甘肃、河北、黑龙江、河南、湖北、吉林、辽宁、内蒙古、陕西、山西和四川。

4. 沙参属 *Adenophora* Fisch.

（1）细叶沙参 *Adenophora capillaris* Hemsl. subsp. *paniculata* (Nannf.) D. Y. Hong & S. Ge

多年生草本。根肉质，圆锥形。茎直立，单一。茎下部叶椭圆形，开花时枯萎，茎中部及上部叶卵状披针形，先端渐尖，基部楔形，边缘具疏浅锯齿，两面被短毛；无柄。圆锥花序顶生，多分枝，无毛；花梗纤细，无毛；花萼无毛，裂片5，丝形或丝状钻形，花冠钟形，口部稍收缢，蓝色，无毛，5浅裂；雄蕊5，与花冠等长，花丝基部加宽，密被柔毛；花盘圆筒状；花柱柱头2裂。蒴果卵形或卵状圆形。花期7~9月，果期9月。

产宁夏六盘山，生于山坡草地或沟谷草甸。分布于河北、河南、内蒙古、陕西和山西。

（2）宁夏沙参 *Adenophora ningxianica* Hong

多年生草本。根粗壮，木质。茎直立，多数丛生，不分枝，无毛或疏被短硬毛。茎生叶互生，狭卵状披针形，先端渐尖，基部楔形，边缘具不规则的疏锯齿；无柄或具极短柄。总状花序顶生，或具分枝而成圆锥花序；花梗细；花萼无毛，裂片钻形或钻状披针形，边缘常有1对瘤状小齿，个别裂片全缘；花冠筒状钟形，蓝色或蓝紫色，5浅裂，裂片卵状三角形，花盘短筒状，无毛；花柱稍伸出花冠。蒴果长椭圆形。花期7~8月，果期9月。

产宁夏贺兰山，生于山谷石质河滩地、干旱山坡或阴坡岩石缝隙中。分布于甘肃和内蒙古。

（3）石沙参 *Adenophora polyantha* Nakai

多年生草本。茎直立，丛生，不分枝，被短硬毛。茎生叶互生，披针形，边缘具尖锯齿；无柄。花序不分枝，总状，有时下部有分枝而成圆锥花序；花萼裂片5，狭三角状披针形，外面粗糙，常疏被短毛；花冠蓝紫色，钟形，5浅裂，无毛；雄蕊5；花盘短圆筒状，顶部有疏毛；花柱稍伸出花冠或与花冠近等长。蒴果卵状椭圆形。花期7~8月，果期9月。

产宁夏贺兰山、罗山及中卫、固原市，生于向阳山坡。分布于辽宁、山东、河北、山西、内蒙古、陕西、甘肃、河南、安徽、江苏等。

（4）泡沙参 *Adenophora potaninii* Korsh.

多年生草本。根粗壮，肉质，圆柱形。茎直立，单一，不分枝，无毛。茎生叶互生，较密，卵状椭圆形，基部楔形至近圆形，边缘具少数不规则的粗锯齿，上面疏被短糙毛，背面沿脉被短糙毛；无柄。圆锥花序顶生；花梗短；花萼无毛，萼裂片三角状披针形，每侧具1~2个狭长齿；花冠钟形，蓝紫色，无毛，5浅裂，裂片卵状三角形，先端尖；雄蕊5；花盘筒状；花柱较花冠短。蒴果椭圆。花期8~9月，果期9~10月。

产宁夏六盘山和南华山、西华山，生于山坡草地、灌丛或林下。分布于山西、陕西、甘肃、青海、四川等。

（5）长柱沙参 *Adenophora stenanthina* (Ledeb.) Kitag.

多年生草本。根肉质，圆锥状长圆柱形。茎直立，基部多分枝，密生极短的柔毛。茎生叶互生，多集中于中部以下，线状披针形，全缘或具不规则的细锯齿，边缘常反卷，两面被短柔毛；无柄。总状花序或圆锥花序，花下垂，花梗细；花萼无毛或被极短柔毛，裂片5，狭长三角形；花冠蓝紫色，口部稍收缢，5浅裂，无毛；雄蕊5，与花冠近等长，花盘长筒状；花柱明显伸出花冠，上部密生短柔毛。花期7~8月，果期8~9月。

产宁夏罗山及海原县、中卫市和盐池县，生山谷边和田边。分布于甘肃、河北、河南、辽宁、内蒙古、青海、陕西、山西和四川。

一三五 睡菜科 Menyanthaceae

荇菜属 *Nymphoides* Ség.

（1）荇菜 *Nymphoides peltata* (S. G. Gmelin) Kuntze

多年生水生草本。茎圆柱形，多分枝，沉没水中，具不定根，水底泥中生横走匍匐状地下茎。叶漂浮水面，圆形，先端圆，基部深心形，下面带紫色，密被腺点；叶柄基部变宽，抱茎。簇生状伞形花序生叶腋，花梗较叶长，伸出水面；花萼5深裂，裂片披针形；花冠黄色，花冠裂片5，卵圆形，先端微凹，边缘具齿状毛，喉部具毛；雄蕊5，花丝短；子房圆卵形，花柱长，瓣状2裂，子房基部具5个蜜腺。蒴果长椭圆形。花期7~8月，果期8~9月。

宁夏引黄灌区普遍分布，生于池沼或流水缓慢的排水沟中。除海南、青海和西藏外，我国南北各地均有分布。

（2）金银莲花（白花荇菜）*Nymphoides indica* (L.) Kuntze

多年生水生草本。茎圆柱形，不分枝。单叶顶生，漂浮水面，宽卵圆形，基部心形，全缘，下面密生腺点；叶柄短。花多数，簇生叶腋，花梗细，不等长；花萼 5 深裂达，裂片长椭圆形，先端钝；花冠白色，5 深裂，基部黄色，花冠筒短，具 5 束，长柔毛，裂片卵状椭圆形，先端钝，腹面密生流苏状长柔毛；雄蕊着生于花冠筒上；子房无柄，圆锥形，花柱圆柱形，柱头膨大，2 裂，裂片三角形。蒴果椭圆形，不开裂。花果期 8~10 月。

产宁夏引黄灌区，生于湖泊、池沼。分布于福建、广东、广西、贵州、海南、黑龙江、河南、湖南、江苏、江西、吉林、辽宁、台湾、云南和浙江。

（徐晔春　拍摄）

一三六 菊科 Compositae

1. 大丁草属 *Leibnitzia* Cass.

大丁草 *Leibnitzia anandria* (L.) Turcz.

多年生草本。有春秋 2 型。叶基生，呈莲座状，倒卵状长椭圆形，大头羽状分裂，下面灰白色，密被蛛丝状棉毛。花茎直立，自叶丛中抽出，密被灰白色蛛丝状棉毛；头状花序单生花茎顶端；总苞宽钟形，总苞片约 3 层，先端尖，边缘紫红色，外层稍短，披针形，内层线状披针形；舌状花冠紫红色。瘦果纺锤形，绿棕色，具 5 棱，疏被短柔毛；冠毛多层，浅棕色，糙毛状。春型花期 5~6 月，果期 6 月；秋型花期 7~9 月，果期 9 月。

产宁夏贺兰山和六盘山，生于林缘草地或山坡、路边。我国南北各地均有分布。

2. 蓝刺头属 *Echinops* L.

（1）驴欺口 *Echinops davuricus* Trevir.

多年生草本。根粗壮，颈部被多数黑褐色残存叶柄。茎直立，不分枝，密被蛛丝状白色棉毛。叶长椭圆形，羽状深裂，裂片卵形，再羽状浅裂，小裂片边缘具不规则的齿牙，齿牙边缘骨质，顶端具刺，上面疏被蛛丝状白色棉毛。复头状花序单生茎顶；头状花序，基毛扁刚毛状，外层总苞片菱状倒披针形，上端繸状，内层总苞片菱状披针形，顶端具芒尖。瘦果圆柱形，密被黄棕色柔毛；冠，下半部连合。花期 6 月，果期 7 月。

产宁夏贺兰山，生于向阳山坡或林缘。分布于东北、华北及山东、河南、陕西、甘肃等。

（2）砂蓝刺头 *Echinops gmelini* Turcz.

一年生草本。根为木质直根。茎直立，被白色棉毛或腺毛。叶线状披针形，先端渐尖，基部无柄，半抱茎，边缘具不整齐的齿牙，齿牙先端具硬刺，两面被蛛丝状棉毛。复头状花序，淡蓝色或白色；头状花序，污白色，外层总苞片菱状倒披针形，内层总苞片长矩圆形，先端具芒尖，边缘黄棕色，中部褐色，无毛；花冠筒，白色，花冠裂片线形，淡蓝色。瘦果倒圆锥状矩圆形，密被棕黄色毛。花期 6~7 月，果期 7~8 月。

产宁夏银北地区及中卫、青铜峡、灵武、盐池、同心等市（县），生于固定沙丘及沙质地。分布于东北、华北及河南、陕西、甘肃、青海等。

（3）火烙草 *Echinops przewalskyi* Iljin

多年生草本。根粗壮，黑褐色，颈部被多数黑褐色残存叶柄。茎直立，单生，不分枝，密被蛛丝状灰白色棉毛。叶质厚，革质，叶卵状长椭圆形，羽状深裂，裂片卵形，顶端具长刺芒，上部被蛛丝状棉毛，密被蛛丝状棉毛。复头状花序单生茎顶；头状花序，外层总苞片菱形，边缘深撕裂状，内层长椭圆形，顶端具芒尖，先端边缘具羽状缘毛，边缘膜质；花冠裂片线形，蓝色。瘦果圆柱形，密被黄棕色柔毛。花期 6 月，果期 7~8 月。

产宁夏贺兰山，生于干旱山坡、石质河滩地。分布于内蒙古、山西、山东、甘肃、新疆等。

3. 革苞菊属 *Tugarinovia* Iljin

革苞菊 *Tugarinovia mongolica* Iljin

多年生草本。基部为厚层残存的枯叶柄所紧密围裹成块状体。花茎无叶。叶生于茎基上成莲座状叶丛；叶片长圆形，革质，被蛛丝状毛，羽裂；齿端有硬刺。头状花序单生，下垂。总苞倒卵圆形；总苞片 3~4 层，被蛛丝状棉毛，外层由苞叶组成，革质，齿端有黄色刺；内层较短，线状披针形，顶端有刺。小花多数，花冠管状，干后近白色，顶端褐黄色；裂片卵圆披针形。花柱分枝短。冠毛，污白色，有不等长而上部稍粗厚的微糙毛。瘦果无毛。

产宁夏贺兰山和青铜峡，生于干旱草地。分布于内蒙古。

（李德禄　拍摄）

4. 苍术属 *Atractylodes* DC.

苍术 *Atractylodes lancea* (Thunb.) DC.

多年生草本。根状茎肥大，横走，呈结节状。茎数个丛生，直立。叶质厚，叶倒卵形，边缘具刺尖的锯齿，有具狭翅的短柄。头状花序单生枝顶，基部叶状苞倒披针形，羽状裂片刺状；总苞杯状；总苞片 6~8 层，外层总苞片长卵形，中层总苞片长圆形，内层总苞片椭圆状披针形；管状花白色。瘦果圆柱形，密被银白色柔毛；冠毛羽状。花果期 7~10 月。

　　产宁夏固原市，生于林中或山坡草地。分布于安徽、重庆、甘肃、河北、黑龙江、河南、湖北、湖南、江苏、江西、吉林、辽宁、内蒙古、陕西、山东、山西和浙江。

5. 黄缨菊属　*Xanthopappus* C. Winkl.

黄缨菊 *Xanthopappus subacaulis* C. Winkl.

多年生无茎草本。根粗壮木质。叶基生，莲座状，长椭圆形，具长刺尖，基部渐狭成柄，羽裂或全裂，裂片椭圆形，齿牙顶端及边缘具硬刺，上面绿色无毛，下面灰白色，密被灰白色蛛丝状毛。头状花序大，5~20 个密集成近球形，具梗；总苞片多层，线状披针形，质硬，顶端具刺尖，边缘具短硬缘毛，黄棕色，无毛；管状花，黄色，花冠裂片线形。瘦果倒卵形，扁平，无毛；冠毛多层，淡黄色，羽状。花果期 7~9 月。

　　产宁夏南华山，生于向阳山坡。分布于云南、四川、甘肃、青海和新疆。

6. 蝟菊属 *Olgaea* Iljin

（1）蝟菊 *Olgaea lomonosowii* (Trautv.) Iljin

多年生草本。根粗壮，圆柱形，木质，黑褐色。茎直立，具纵棱，密被灰白色棉毛。基生叶长椭圆状披针形，基部渐狭成具翅的柄，羽裂，裂片三角线，边缘具不规则的小刺齿，背面灰白色；茎生叶线状长椭圆形，基部向茎下延成翅。头状花序大，单生；总苞宽钟形；总苞片多层，长针状，先端具硬长刺尖，暗紫色，被蛛丝状棉毛，管状花紫红色，花冠裂片 5，线形。瘦果长椭圆形，无毛；冠毛污黄色，不等长，基部合生。花果期 8~9 月。

产宁夏贺兰山，生于向阳山坡。分布于甘肃、河北、吉林、内蒙古、陕西和山西。

（2）火媒草（鳍蓟）*Olgaea leucophylla* (Turcz.) Iljin

多年生草本。根粗壮。茎直立，具纵沟棱，密被白色棉毛。叶长椭圆状披针形，具长硬刺，基部沿茎下延成翅，边缘具齿牙，齿端及边缘具不等长的硬刺，上面疏被蛛丝状棉毛，下面灰白色，密被灰白色蛛丝状棉毛；基生叶及茎下部的叶具柄。头状花序大，单生；总苞宽钟形；总苞片多层，线状披针形，先端具长刺尖，背部疏被蛛丝状棉毛；管状花粉红色或白色，花冠裂片线形。瘦果矩圆形，具纵纹和褐斑；冠毛黄褐色。花期 7~9 月，果期 8~10 月。

宁夏全区普遍分布，生于干旱山坡、沙质地或固定沙丘上。分布于甘肃、河北、黑龙江、河南、吉林、内蒙古、陕西和山西。

（3）刺疙瘩（青海鳍蓟） *Olgaea tangutica* **Iljin**

多年生草本。根长圆柱形，褐色，颈部被多数褐色纤维状残存叶柄。茎直立，具分枝，被蛛丝状棉毛。基生叶具柄，茎生叶无柄；叶片线状长椭圆形，先端具针刺，叶基部下延成翅，边缘羽状浅裂，裂片三角形，扭曲，先端具刺，下面灰白色，被灰白色蛛丝状棉毛。头状花序单生；总苞宽钟形；总苞片多层，线状披针形，顶端具长刺尖，外层较短，绿色，内层较长，紫红色，管状花蓝紫色。瘦果矩圆形；冠毛刚毛糙毛状。花期7~9月，果期8~10月。

产宁夏六盘山及云雾山，生于山坡及石质地。分布于甘肃、河北、内蒙古、青海、陕西和山西。

7. 风毛菊属　*Saussurea* DC.

（1）阿拉善风毛菊 *Saussurea alaschanica* **Maxim.**

多年生草本。根状茎短，黑褐色。茎直立，不分枝，被蛛丝状白色棉毛。叶卵形，边缘具浅尖齿，下面灰白色，密生灰白色蛛丝状棉毛；叶柄柄基扩展成鞘；上部叶椭圆状披针形，无柄。头状花序在茎顶排列成伞房花序；总苞钟形；总苞片4层，边缘黑褐色，背面被棕色长柔毛，外层总苞片卵形，中层卵状椭圆形，内层长椭圆状披针形；花冠淡紫红色。瘦果圆柱形，褐色；冠毛2层，外层糙毛状，内层羽状，白色。花期7~8月，果期8~9月。

产宁夏贺兰山，生于山坡灌丛或石隙中。分布于内蒙古。

（2）草地风毛菊 *Saussurea amara* (L.) DC.

多年生草本。根状茎粗，直伸。茎直立，单生。基生叶与茎下部叶卵状长椭圆形，先端渐尖，边缘全缘，具极短的骨质刺，两面无毛；叶柄柄基扩展成鞘，无毛；叶向上渐变小，披针形。头状花序排列成伞房花序；总苞钟形，总苞片5~6层，外层披针形，先端尖，中层和内层线形，顶端淡紫红色，边缘有细齿的膜质附片；花冠粉红色。瘦果圆柱形，冠毛2层，外层糙毛状，白色，内层羽毛状，浅棕色。花期7~8月，果期8~9月。

宁夏引黄灌区普遍分布，生于田边、路旁、渠沟边上。分布于甘肃、河北、黑龙江、河南、吉林、辽宁、内蒙古、青海、陕西、山西和新疆。

（3）灰白风毛菊 *Saussurea cana* Ledeb.

多年生草本。根木质，皮裂成纤维状，根颈部常抽出丛生的花茎及不育枝莲座状叶丛。茎直立。叶狭长椭圆形，基部楔形下延至叶柄基部，下面密被白色棉毛。头状花序在茎枝顶端排列成伞房状或复伞房状；总苞圆筒形，被灰白色蛛丝状毛和腺点；总苞片4~6层，全部或边缘呈粉紫色，具1条明显中脉；花冠紫红色。瘦果褐色；冠毛2层，白色，外层糙毛状，内层羽毛状。花果期7~9月。

产宁夏中卫、盐池等市（县），生于路边、山坡草地。分布于甘肃、内蒙古、青海、山西、四川和新疆。

（4）**达乌里风毛菊** *Saussurea davurica* **Adam.**

多年生草本。茎直立。基生叶披针形，先端渐尖，基部楔形；茎生叶半抱茎，密生腺点。头状花序列成半球状；总苞狭筒形，总苞片 6~7 层，外层卵形，内层矩圆形，边缘具短柔毛，上部带紫红色；花冠粉红色。瘦果顶端有短的小冠；冠毛 2 层，白色。花果期8~9 月。

产宁夏中卫、平罗等县，生于路边、河滩地、沙地。分布于我国东北及内蒙古、甘肃、青海、新疆等。

（5）**柳叶菜风毛菊** *Saussurea epilobioides* **Maxim.**

多年生草木。根茎短。茎直立，不分枝，无毛。叶披针形，先端渐尖，基部渐狭成深心形耳状抱茎。头状花序多数，在茎顶排列成密集的伞房状，具披针形苞叶；总苞钟形，疏被蛛丝状毛；总苞片 4~5 层，外层和中层卵形，先端具钻形附属物，黑绿色，内层长圆形，被柔毛。花冠紫红色。瘦果无毛。冠毛淡棕色，外层糙毛状，内层羽毛状。花期 8~9 月。

产宁夏盐池县，生于山坡草地。分布于甘肃、青海和四川。

（6）禾叶风毛菊 *Saussurea graminea* Dunn

多年生草本。根长圆锥形。茎丛生，直立，被白色长柔毛。基生叶狭线形，柄基成鞘状，全缘，反卷，上面无毛，下面被灰白色蛛丝状棉毛；茎生叶无柄，基部半抱茎。头状花序单生茎顶；总苞宽钟形，总苞片 4~5 层，外层总苞片卵状披针形，背面被白色长棉毛，内层总苞片线形，淡紫色，被白色长棉毛；花紫红色，花冠裂片线形。瘦果圆柱形，褐色；冠毛淡褐色，2 层，外层刚毛状，内层羽毛状。花期 7~8 月，果期 8~9 月。

产宁夏贺兰山和六盘山，生于高山草地。分布于内蒙古、甘肃、四川、云南、西藏等。

（7）紫苞雪莲 *Saussurea iodostegia* Hance

多年生草本。根状茎横走。茎直立，单生，不分枝。基生叶丛生，长椭圆状披针形；茎生叶少数，无柄；最上部的叶状苞椭圆形，上半部紫红色。头状花序成伞房花序；总苞宽钟形；总苞片 3~4 层，外层总苞片短，卵形，边缘暗紫褐色，中层总苞片卵状椭圆形，边缘暗紫褐色，内层总苞片线状长椭圆形，膜质；管状花紫色，花冠裂片线形。瘦果矩圆形，褐色，无毛；冠毛 2 层，外层刚毛状，内层羽毛状。花期 7~8 月，果期 8~9 月。

产宁夏六盘山、南华山及月亮山，生于林缘或山坡草地。分布于甘肃、河北、河南、内蒙古、陕西和山西。

（8）风毛菊 *Saussurea japonica* (Thunb.) DC.

二年生草本。根粗壮，纺锤形。茎直立，疏被短柔毛和腺点。基生叶与茎下部叶长椭圆形，羽状深裂，顶裂片披针形，侧裂片长椭圆形，两面被短糙毛；茎上部叶披针形，无柄。头状花序排列成复伞房花序；总苞筒状钟形；总苞片 5~6 层，外层狭卵形，中层卵状披针形，内层线形，与中层的先端均扩展为膜质、紫红色、近圆形、边缘具齿的附片；花冠紫红色。瘦果圆柱形，褐色；冠毛 2 层，棕色，外层糙毛状，内层羽毛状。花期 7~9 月，果期 8~10 月。

产宁夏西吉、固原及盐池等市（县），生于山坡、路旁及荒地。分布于我国东北、华北、西北、华东及华南。

（9）翼茎风毛菊 *Saussurea japonica* (Thunb.) DC.var. *pteroclada* (Nakai & Kitag.) Raab-Straube

本变种与正种的主要区别在于叶基沿茎下延成有齿或全缘的翅。产宁夏贺兰山及六盘山。

（10）阿右风毛菊 *Saussurea jurineoides* H. C. Fu

多年生草本。茎单生或少数丛生，直立，具纵条棱，密被多细胞皱曲长柔毛，不分枝。叶片轮廓椭圆形或披针形，不规则羽状深裂或全裂，顶裂片条形或条状披针形，先端渐尖，全缘；侧裂片4~8对，披针形或条状披针形，先端渐尖，具小尖头，全缘或疏具小齿。头状花序单生于茎顶；总苞宽钟状，总苞片5层，黄绿色，先端具刺尖，反折，密被长柔毛和腺点，外层的卵状披针形，中层的披针形，内层的条状披针形；托片条状钻形；花冠粉红色。瘦果圆柱形，褐色，具纵肋；冠毛2层，白色。花果期7~8月。

产宁夏贺兰山，生于2500~2700m石质山坡。分布于内蒙古。

（11）裂叶风毛菊 *Saussurea laciniata* Ledeb.

多年生草本。根粗壮，木质。茎直立，从基部多分枝，具有齿的狭翅。基生叶和茎下部叶长椭圆形，羽裂，裂片先端尖，具小尖头，两面被短糙毛和腺体；中部与上部的叶狭线形，镰状弯曲。头状花序单生枝顶；总苞钟形，总苞片5层，质厚，先端淡紫红色，外层总苞片狭卵形，中层卵状披针形，内层披针形，顶端扩展成淡紫红色的附片；花冠紫红色。瘦果圆柱形，褐色，冠毛2层，外层糙毛状，乳白色，内层羽毛状，白色。花期8~9月，果期9~10月。

产宁夏石嘴山、平罗、银川、青铜峡、中卫等市（县），生于贺兰山麓荒漠地带。分布于甘肃、内蒙古、陕西和新疆。

（赵生林　拍摄）

（12）大耳叶风毛菊 *Saussurea macrota* Franch.

多年生草本。根状茎粗壮。茎直立，单生，被短毛。叶卵状长椭圆形，先端渐尖，基部心形，抱茎，具耳，边缘具不规则的疏浅齿，齿端具小尖头，上面被短糙毛，下面被蛛丝状棉毛和长柔毛。头状花序排列成伞房花序；总苞筒形，总苞片 4~5 层，暗紫红色，外层卵形，顶端尖，中层卵状椭圆形，内层线形，先端钝；花冠暗紫色。瘦果圆柱形，褐色；冠毛 2 层，淡褐色，外层短，易脱落，内层羽毛状。花期 6~7 月；果期 7~8 月。

产宁夏六盘山，生于山坡草地。分布于甘肃、重庆、湖北和湖北。

（13）蒙古风毛菊 *Saussurea mongolica*(Franch.) Franch.

多年生草本。根状茎粗壮，斜伸。茎直立，单生，无毛。基生叶与茎下部叶三角状长卵形，边缘具短糙毛；叶柄具狭翅，柄基扩展成鞘状；上部叶披针形，基部宽楔形；最上部叶小，披针形，全缘，无柄。头状花序排列成伞房花序；总苞钟形；总苞片 5 层，边缘紫红色，被蛛丝状棉毛，外层卵形，先端尾尖，常反折，内层长椭圆形；花冠紫红色。瘦果圆柱形，褐色；冠毛 2 层，浅褐色，外层糙毛状，内层羽毛状。花期 6~7 月，果期 7~8 月。

产宁夏六盘山及南华山，生于林缘草地。分布于甘肃、河北、黑龙江、吉林、辽宁、内蒙古、青海、陕西、山东和山西。

《刘冰　拍摄》

（14）小花风毛菊 *Saussurea parviflora* (Poir.) DC.

多年生草本。根状茎横走。茎直立，单生，具全缘狭翅。叶长椭圆形，基部渐狭且沿茎下延成狭翅，边缘具细尖齿，下面灰绿色，被白色细棉毛。头状花序在茎顶排列成伞房花序；总苞筒状钟形；总苞片 3~4 层，外层总苞片卵形，先端尖，顶端黑色，中层总苞片卵状椭圆形，先端钝，内层总苞片长椭圆形，先端钝；花冠紫色，花冠裂片线形。瘦果圆柱形，黑色；冠毛 2 层，外层刚毛状，内层羽毛状。花期 7~8 月，果期 8~9 月。

产宁夏南华山及罗山，生于林下。分布于甘肃、河北、内蒙古、青海、山西、四川、新疆和云南。

（15）西北风毛菊 *Saussurea petrovii* Lipsch.

半灌木。根粗壮，木质，深褐色，外皮纤维状纵裂。茎丛生，直立，密被灰白色短棉毛。叶倒披针状线形，上面被绿短棉毛，下面灰白色，密被灰白色棉毛。头状花序在茎顶排列成伞房花序；总苞筒状钟形；总苞片 5 层，被短棉毛，边缘暗紫红色，中肋绿色，外层卵形，中层卵状椭圆形，内层披针形；花冠粉红色，被腺点。瘦果倒卵状圆柱形，褐色，具黑色斑点；冠毛 2 层，外层糙毛状，内层羽毛状。花期 7~8 月，果期 8~9 月。

产宁夏贺兰山、罗山及南华山，生于向阳干旱山坡。分布于内蒙古、甘肃等。

（16）折苞风毛菊 *Saussurea recurvata* (Maxim.) Lipsch.

多年生草本。根状茎粗短。茎直立，单一。基生叶和茎下部叶长三角状卵形，边缘具疏的细齿牙，上面疏被极短的糙毛；叶柄疏被白色棉毛，茎生叶向上较小，最上部的叶披针形，先端渐尖，基部楔形，全缘，无柄。头状花序 3~6 个，排列成的伞房花序；总苞钟形；总苞片 4~5 层，先端长渐尖，反折，上部暗紫褐色，被蛛丝状长棉毛，外层卵形，中层卵状披针形，内层披针形；花冠紫色。瘦果圆柱形，冠毛 2 层，淡褐色。花果期 7~9 月。

产宁夏六盘山及南华山，生于林缘、灌丛或山坡草地。分布于甘肃、黑龙江、吉林、辽宁、内蒙古、青海和陕西。

（17）倒羽叶风毛菊 *Saussurea runcinata* DC.

多年生草本。根粗壮。茎直立，单生，不分枝，被短柔毛。基生叶与茎下部的叶长椭圆形，羽裂，顶裂片线形，侧裂片线状长椭圆形，两面被短糙毛；叶柄具狭翅；上部叶狭披针形，羽裂。头状花序排列成复伞房花序；总苞钟形；总苞片 5~6 层，外层狭卵形，中层卵状披针形，内层线状长椭圆形，先端扩展成淡紫红色膜质的附片；花冠紫红色。瘦果圆柱形，褐色；冠毛 2 层，外层糙毛状，白色，内层羽毛状，淡黄色。花期 7~8 月，果期 8~9 月。

产宁夏六盘山及南华山，生于向阳山坡草地。分布于河北、黑龙江、吉林、内蒙古、陕西和山西。

（18）盐地风毛菊 *Saussurea salsa* (Pall.) Spreng.

多年生草本。根粗壮，圆柱形。茎直立，具分枝，无毛。叶质厚，基生叶与茎下部叶卵形，大头羽状深裂至全裂，顶裂片大，箭头形，侧裂片较小，三角形，全缘，具腺点；叶柄长，基部扩展成鞘状；茎生叶无柄，长椭圆形。头状花序排列成复伞房花序；总苞筒形；总苞片5层，粉红色，外层卵形，中层卵状披针形，内层线状披针形；花冠粉紫红色。瘦果圆柱形，冠毛2层，污白色，外层刚毛状，内层羽毛状。花期6~7月，果期7~8月。

产宁夏引黄灌区，生于田边、沟渠旁、低洼湿地。分布于甘肃、内蒙古、青海和新疆。

（19）天水风毛菊 *Saussurea tianshuiensis* X. Y. Wu

茎直立，高约150cm，无翅，圆筒状，粗壮，无毛，全部或下部为紫红色，上部具多数肋棱，有分枝。叶纸质，叶片披针形、椭圆状披针形或倒披针形，先端尖，基部楔形，边缘为不规则羽状浅裂、半裂至深裂或为弯缺状牙齿，每边具较大羽片3~5，疏远或靠近，每2个之间又插入小裂片，裂片三角形或长三角形，全缘或有牙齿1~2；具尖头或渐尖头，表面绿色，背面淡绿色，无蛛丝状毛；上部叶片较小，披针形，先端长渐尖，边缘有齿。头状花序多数，每2~4着生于茎枝端或单生叶腋；总苞钟状，总苞片5~6层，稍革质，贴伏，外层的卵形，先端尖，中层渐伸长，先端急尖或钝，最内层的线状披针形，先端有毛或无毛。小花多数，花冠紫色。花期8~10月。

产宁夏六盘山，生于海拔1800~2500m间的山坡草地或林缘灌丛中。分布于甘肃和陕西。

8. 苓菊属　*Jurinea* Cass.

蒙疆苓菊 *Jurinea mongolica* Maxim.

多年生草本。根圆柱形，颈部具极厚的白色棉毛团。茎直立，丛生，密被蛛丝状白色棉毛。叶长椭圆状披针形，羽裂，边缘常皱曲而反卷，两面被蛛丝状白色棉毛。头状花序单生枝端；总苞钟形；总苞片 5~6 层，黄绿色，背面疏被蛛丝状棉毛，外层总苞片狭卵形，中层卵状披针形，内层线状披针形，先端成长刺尖；花冠红紫色，檐部外面疏被短柔毛。瘦果倒圆锥形，褐色，具 4 棱；冠毛污黄色，羽毛状，极不等长。花期 6~7 月，果期 7~8 月。

产宁夏石嘴山、平罗、贺兰、银川、青铜峡、中卫、盐池等市（县），生于荒漠或沙质地。分布于内蒙古、陕西和新疆。

9. 牛蒡属　*Arctium* L.

牛蒡 *Arctium lappa* L.

二年生草本。根肥大，肉质。茎直立，上部多分枝。基生叶大形，丛生，宽卵形，先端钝，具小尖头，基部心形，下面密被灰白色棉毛；茎生叶互生，宽卵形，具短柄。头状花序单生枝顶或多数排列成伞房状；总苞球形；总苞片多层，刚硬，下部边缘具骨质齿，顶端具钩状刺；管状花紫红色。瘦果椭圆形，具三棱；冠毛短，刚毛状。花果期 6~8 月。

宁夏全区普遍分布，生于路旁、田边、山坡及村庄附近。分布于我国北部、中部至西南。

10. 蓟属 *Cirsium* Mill.

（1）丝路蓟 *Cirsium arvense* (L.) Scop.

多年生草本。茎直立。下部茎叶椭圆形或椭圆状披针形，羽状浅裂或半裂，基部渐狭，多少有短叶柄。侧裂片偏斜三角形或偏斜半椭圆形，边缘通常有 2~3 个刺齿，齿顶有针刺，齿缘针刺较短；中部及上部茎叶渐小，与下部茎叶同形。头状花序较多数在茎枝顶端排成圆锥状伞房花序。总苞卵形或卵状长圆形，总苞片约 5 层，覆瓦状排列，向内层渐长，外层及中层卵形；内层及最内层椭圆状披针形、长披针形至宽线形，外层顶端有反折或开展的短针刺，中内层顶端膜质渐尖或急尖，不形成明显的针刺。小花紫红色。瘦果圆柱形。花果期 6~9 月。

产宁夏贺兰山，生于沟谷河边湿地。分布于安徽、重庆、福建、甘肃、贵州、河北、黑龙江、河南、湖北、湖南、江苏、江西、吉林、辽宁、内蒙古、青海、陕西、山东、山西、四川、新疆、西藏和浙江。

（2）刺儿菜 *Cirsium arvense* (L.) Scop. var. *integrifolium* C. Wimm. et Grab.

多年生草本。根状茎细长，横走。茎直立，具纵沟棱。叶长椭圆形，齿端及边缘具刺，上面绿色，下面灰白色被蛛丝状毛，无柄。头状花序单生茎顶或数个生于茎顶和枝端；总苞钟形；总苞片多层，外层较短，长椭圆状披针形，先端具刺尖，内层较长，线状披针形，先端长渐尖，干膜质，边缘及上部背面疏被蛛丝状毛，雌雄异株，花冠紫红色。瘦果椭圆形，无毛；冠毛羽状，初较花冠短，果熟时与花冠等长或较长。花果期 7~9 月。

产宁夏全区，多生于田间、荒地、路边，为常见田间杂草。全国各地广泛分布。

（3）**魁蓟** *Cirsium leo* **Nakai et Kitag.**

多年生草本。根长圆锥形。茎直立，上部分枝，被多细胞皱缩毛。叶互生，长椭圆形，无柄，基部半抱茎，羽状深裂，裂片卵状三角形，顶端具刺尖，边缘具齿牙，顶端具刺。头状花序单生；总苞宽钟形；总苞片多层，外层总苞片线状长椭圆形，先端及边缘具刺，背面疏被蛛丝状毛，内层总苞片披针形，顶端具刺，上部边缘具睫毛状短刺；管状花，紫红色，花冠裂片线形。瘦果长椭圆形，无毛；冠毛污白色，羽状。花期 6~7 月，果期 8~9 月。

产宁夏六盘山，生于山坡草地、林缘或路边。分布于河北、河南、山西、陕西、甘肃和四川。

（4）**烟管蓟** *Cirsium pendulum* **Fisch. ex DC.**

二年生或多年生草本。茎直立，上部分枝，具纵棱，疏被蛛丝状毛。基生叶与茎下部叶宽椭圆形，先端尾状渐尖，基部渐狭成具翅的短柄，2 回羽状深裂，裂片披针形，上部边缘具长尖的小裂片和齿，裂片先端和齿端及边缘均有刺，两面被短柔毛和腺点。头状花序多数在茎上部排列成总状，下垂；总苞卵形；总苞片多层，先端具刺，向外反曲，背部疏被蛛丝状毛，边缘具睫毛；花冠紫红色。瘦果灰褐色，稍扁；冠毛淡褐色。花果期 7~9 月。

产宁夏六盘山、贺兰山及同心、盐池等县，生于山坡草地、干旱山坡。分布于甘肃、河北、黑龙江、河南、吉林、辽宁、内蒙古、陕西、山西和云南。

（刘冰　拍摄）

（5）牛口刺 *Cirsium shansiense* Petrak

多年草本。茎直立。中部茎叶卵形或长椭圆形，长羽状浅裂、半裂或深裂；侧裂片 3~6 对，偏斜三角形或偏斜半椭圆形，中部侧裂片较大，全部侧裂片不等大 2 齿裂；顶裂片长三角形、宽线形或长线形，顶端或齿裂顶端及边缘有针刺；自中部叶向上的叶渐小，与中部茎叶同形并等分裂并具有等样的齿裂或不裂。头状花序多数，在茎枝顶端排成伞房花序。总苞卵形或卵球形，总苞片 7 层，覆瓦状排列，向内层逐渐加长，内层及最内层披针形或宽线形，顶端膜质扩大，红色。花粉红色或紫色。瘦果偏斜椭圆状倒卵形。花果期 5~11 月。

产宁夏彭阳县黄峁梁，生于山坡草地、河边湿地和路旁。分布于安徽、重庆、福建、甘肃、广东、广西、贵州、河北、河南、湖北、湖南、江西、内蒙古、青海、陕西、山西、四川、西藏、云南。

11. 飞廉属　*Carduus* L.

丝毛飞廉 *Carduus crispus* L.

二年生草本。根长圆锥形。茎直立，单生，上部具分枝，被多细胞皱曲的长柔毛和绿色的具刺齿的翅。叶长椭圆形，基部渐狭成柄，羽裂，裂片卵形，具刺尖，边缘具齿牙，齿端及边缘具不等长的细刺，被多细胞的皱曲柔毛。头状花序；总苞宽钟形，总苞片多层，外层短，披针形，黄棕色，先端渐尖成刺状，内层较长，长椭圆状披针形，上部带紫红色；管状花，紫红色，花冠裂片线形。瘦果长椭圆形；冠毛，粗糙。花果期 6~8 月。

产宁夏全区，生于石质河滩地、路边或田边。全国各地均有分布。

12. 矢车菊属　*Cyanus* Mill.

蓝花矢车菊 *Cyanus segetum* Hill

一年生或二年生草本。茎直立。基生叶及下部茎叶长椭圆状倒披针形或披针形，不分裂，边缘全缘无锯齿或边缘疏锯齿至大头羽状分裂，侧裂片 1~3 对，长椭圆状披针形。中部茎叶线形、宽线形或线状披针形，顶端渐尖，基部楔状，无叶柄边缘全缘无锯齿，上部茎叶与中部茎叶同形。头状花序多数或少数在茎枝顶端排成伞房花序或圆锥花序。总苞椭圆状，总苞片约 7 层，全部总苞片由外向内椭圆形、长椭圆形。全部苞片顶端有浅褐色或白色的附属物，流苏状锯齿。边花增大，超长于中央盘花，蓝色、白色、红色或紫色，檐部 5~8 裂，盘花浅蓝色或红色。瘦果椭圆形。花果期 2~8 月。

宁夏有栽培。新疆、青海、甘肃、陕西、河北、山东、江苏、湖北、湖北、广东及西藏等地普遍栽培。

13. 红花属 *Carthamus* L.

红花（草红花）*Carthamus tinctorius* L.

一年生草本。茎直立，白色，具细棱，上部多分枝，基部木质化，无毛。叶长椭圆形，先端尖，抱茎，边缘具不规则刺齿，两面无毛，上部叶渐变小，成苞叶状，包围头状花序。头状花序大，单生枝端或在茎顶排列成伞房花序，有梗；总苞近球形或宽卵形；外层总苞片卵状披针形，基部以上稍收缩，绿色，最内层线形，透明薄膜质；花冠橘红色，花冠裂片线形，先端渐尖。瘦果椭圆形或倒卵形，白色；冠毛缺。花果期 7~9 月。

宁夏有栽培。全国各地广泛栽培。

14. 麻花头属 *Klasea* Cass.

（1）蕴苞麻花头 *Klasea centauroides* (L.) Cass. subsp. *strangulata* (Iljin) L. Martins

多年生草本。根状茎粗壮。茎直立，下部疏被皱曲毛。叶椭圆形，基部或下半部边缘羽裂，上半部边缘具尖齿牙，两面被皱曲的毛；叶柄，柄基扩展成鞘状；茎中部及上部的叶大头羽状深裂。头状花序单生茎顶；总苞半球形；总苞片5~6层，上半部紫褐色，外层和中层总苞片卵形，内层矩圆形，顶端具线形淡黄色的附片；花冠紫红色，狭筒部与檐部近等长。瘦果椭圆形，具纵肋；冠毛浅棕色，不等长，糙毛状。花期6~7月，果期7~9月。

产宁夏六盘山、贺兰山、月亮山、南华山及盐池、同心等县，生于林缘草地或路边。分布于甘肃、河南、内蒙古、青海，陕西、山西和四川。

（2）麻花头 *Klasea centauroides* (L.) Cass.

多年生草本。根粗壮，颈部被多数深褐色纤维状残存叶柄。茎直立，不分枝，下部疏被短柔毛。叶长椭圆形，羽裂，裂片长椭圆形，先端尖，具小尖头，边缘具齿牙。头状花序单生茎顶；总苞宽钟形至杯状；总苞片约6层，上半部黑褐色，外层和中层总苞片卵状椭圆形，内层矩圆形，先端具淡紫红色宽线形附片；花冠淡紫色，狭筒部短于檐部。瘦果圆柱形，褐色，具纵棱；冠毛浅棕色，不等长，糙毛状。花期6~7月，果期7~8月。

产宁夏香山，生于林缘草地、山坡、路边。分布于安徽、甘肃、河北、黑龙江、河南、吉林、辽宁、内蒙古、青海、陕西、山东、山西和四川。

15. 漏芦属 *Rhaponticum* Vaillant

（1）漏芦 *Rhaponticum uniflorum* (L.) DC.

多年生草本。根粗壮，圆柱形，颈部被褐色残存叶柄。茎直立，单生，不分枝，被白毛。基生叶与茎下部叶长椭圆形羽裂，裂片矩圆形，边缘具不规则的齿牙，两面被蛛丝状棉毛与短糙毛；叶柄长，密被棉毛；茎中部及上部叶较小。头状花序大；总苞宽钟形，基部凹入；总苞片多层，外层与中层总苞片宽卵形，掌状撕裂状，内层披针形；花冠淡紫红色。瘦果倒圆锥形，棕褐色；冠毛淡褐色，不等长，具羽状短毛。花期6~7月，果期7~8月。

产宁夏贺兰山、罗山、六盘山，生于向阳山坡草地。分布于甘肃、河南、黑龙江、湖北、吉林、辽宁、内蒙古、青海、陕西、山东、山西和四川。

（2）顶羽菊（苦蒿）*Rhaponticum repens* (L.) Hidalgo

多年生草本。根状茎长。茎直立，多分枝，密被灰白色短棉毛。叶长椭圆状披针形，先端锐尖，具小尖头，基部渐狭，下面疏被灰白色棉毛，两面密生腺点；无柄。头状花序单生枝端；总苞卵形；总苞片4~5层，外层总苞片宽卵形，上半部透明膜质，先端急尖，下半部绿色，内层披针形，透明膜质，先端渐尖，被浅棕色长柔毛；花冠紫红色，狭筒部与檐部近等长。瘦果圆柱形，褐色；冠毛白色，不等长。花期6~7月，果期7~8月。

产宁夏引黄灌区及盐池等县，多生于荒地、田野、村庄附近。分布于甘肃、河北、内蒙古、青海、陕西、山西和新疆。

16. 帚菊属　*Pertya* Schulz.-Bip.

（1）两色帚菊 *Pertya discolor* Rehd.

灌木。叶在老枝上簇生，在当年生枝上互生，叶片线状披针，先端渐尖，全缘，上面绿色，无毛，背面灰白色，密被灰白色平伏棉毛；叶柄短。头状花序单生于 2 年生短侧枝的叶丛中，被灰白色平伏短棉毛；总苞狭筒状，总苞片 3 层，先端尖，背面被平贴的长棉毛，外层总苞片卵形，中层长卵形，内层线状长椭圆形；具少数花，花冠白色，5 深裂。瘦果倒卵状圆柱形，褐色，被短毛；冠毛白色，多层，糙毛状。花期 6~7 月，果期 7~8 月。

产宁夏六盘山，多生于山崖石隙中。分布于甘肃、青海、山西和四川。

（2）华帚菊 *Pertya sinensis* Oliv.

灌木。叶在老枝上簇生，在当年生枝上互生，长椭圆状披针形，先端渐尖，基部渐狭，全缘，叶柄短，无毛。头状花序单生于 2 年生短侧枝的叶丛中，梗，无毛；总苞钟形；总苞片 4~5 层，上半部暗红色，背面无毛，边缘被短缘毛，外层总苞片三角状宽卵形，先端急尖，中层宽椭圆形，内层倒卵状长椭圆形，先端圆钝；花冠，5 深裂。瘦果倒卵状圆柱形，密被灰白色毛；冠毛浅棕色，多层，糙毛状。花期 7 月，果期 8 月。

产宁夏六盘山，生于林缘。分布于甘肃、河南、湖北、青海、陕西、山西和四川。

17. 鸦葱属 *Scorzonera* L.

（1）华北鸦葱 *Scorzonera albicaulis* Bge

多年生草本。根圆柱形，根颈部具少数残叶柄。茎直立，被蛛丝状毛或棉毛，后渐脱落，单一。叶线状披针形，先端渐尖，基部渐狭且下延成有翅的长柄，柄基稍扩展，茎生叶同形渐小。头状花序数个，在茎顶和侧生花梗顶端再组成伞房或伞形状；总苞钟状筒形，总苞片5层，先端锐尖，边缘膜质，被蛛丝状毛；舌状花黄色。瘦果圆柱形，黄褐色，上部狭窄成喙；冠毛，黄褐色。花果期7~8月。

产宁夏六盘山，生于山地林缘、灌丛和草地。分布于安徽、贵州、河北、黑龙江、河南、湖北、江苏、内蒙古、陕西、山东、山西和四川。

（2）鸦葱 *Scorzonera austriaca* Willd.

多年生草本。根粗壮，根颈部被稠密而厚实的纤维状残叶。茎直立，具黄绿色纵条棱，无毛。基生叶线形，先端长渐尖，基部渐狭成具翅的柄，柄基扩展成鞘状。头状花序单生茎顶；总苞钟形；总苞片3~4层，外层三角状卵形，内层披针形，先端钝；舌状花黄色，舌片，顶端5齿裂。瘦果圆柱形，黄棕色，具纵棱，沿棱具小的瘤状突起；冠毛羽状。花期6~7月，果期7~8月。

产宁夏贺兰山，生于山坡草地。分布于甘肃、河北、河南、吉林、辽宁、内蒙古、陕西、山东、山西和新疆。

（3）拐轴鸦葱 *Scorzonera divaricata* **Turcz.**

多年生草本。根圆柱形，不分枝。茎多数自根状茎上部发生，叉状分枝，灰绿色，具白粉。叶线形，先端反卷弯曲，两面被短柔毛，上部叶短小。头状花序单生枝顶；总苞圆柱状，总苞片 3~4 层，外层卵形，先端尖，中肋明显隆起，内层披针形，先端稍钝，边缘干膜质，背面密生白色蛛丝状短毛；舌状花 4~5 个，黄色，与内层总苞片等长，两性，结实。瘦果圆柱形，淡黄褐色，具纵棱，无毛，冠毛羽状。花期 5~6 月，果期 7~8 月。

产宁夏贺兰山东麓及盐池、同心等县，生于砾石滩地及沙质地。分布于甘肃、河北、内蒙古、陕西和山西。

（4）蒙古鸦葱 *Scorzonera mongolica* **Maxim.**

多年生草本。根圆柱形，不分枝，黄褐色；颈部具多数鞘状残叶柄。茎自根茎发出，具纵条棱，无毛。叶厚，稍肉质，具不明显的 3~5 条脉，基生叶披针形，具小尖头，基部渐狭成短柄，柄基扩大成鞘状。头状花序单生；总苞圆柱形；总苞片 3~4 层，无毛，外层三角状卵形，内层长椭圆形，先端尖；具舌状花 12~15 朵，黄色，干后红色。瘦果圆柱形，黄褐色，具纵条棱，上部被疏柔毛；冠毛羽状。花期 6~7 月，果期 7~8 月。

产宁夏贺兰山、罗山及引黄灌区各市（县），生于盐碱地及沟渠边、低洼湿地。分布于甘肃、河北、河南、辽宁、内蒙古、青海、陕西、山东、山西和新疆。

（5）帚状鸦葱 *Scorzonera pseudodivaricata* Lipsch.

多年生草本。根粗壮，颈部具多数纤维状残存枯叶。茎多数自根颈发生，多分枝，分枝细长，向上弯曲，具纵条棱，被短柔毛。叶线形，先端长渐尖，无毛，上部叶短小。头状花序单生枝顶；总苞圆柱状，总苞片约5层，外层三角形，先端尖，内层披针状长椭圆形，边缘狭膜质；具7~12朵舌状花，黄色，两性，结实。瘦果圆柱形，稍弯曲，暗褐色，冠毛羽状。花期5~6月，果期7~8月。

产宁夏贺兰山及平罗、灵武、青铜峡、中卫等市（县），生于干旱山坡。分布于甘肃、内蒙古、青海、陕西、四川和新疆。

（6）桃叶鸦葱 *Scorzonera sinensis* Lipsch. et Krasch.

多年生草本。根粗壮，根颈部被稠密而厚实的纤维状残叶。茎直立，具纵条棱，无毛。基生叶披针形，基部渐狭成具翅的叶柄，柄基扩展成鞘，抱茎，边缘明显波状皱曲，两面无毛，被白粉。头状花序单生茎顶；总苞圆柱形；总苞片3~4层，外层三角状卵形，内层披针形，先端钝，边缘膜质；舌状花黄色，与总苞等长，两性，结实。瘦果圆柱形，黄棕色，具纵棱，沿棱有小瘤状突起；冠毛羽状。花期5月，果期6月。

产宁夏罗山，生于山坡草地。分布于安徽、甘肃、河北、河南、江苏、辽宁、内蒙古、陕西、山西和山东。

（7）棉毛鸦葱 *Scorzonera capito* Maxim.

多年生草本。根黑褐色，垂直直伸，粗壮。茎粗壮，有条棱，全部茎枝被蛛丝状长柔毛，茎基粗大成球形，被稠密的鞘状残遗，鞘内被稠密的污白色长棉毛。基生叶莲座状，长椭圆形，向下渐狭成柄，柄基鞘状扩大，半抱茎；茎生叶少数，2~3 枚，卵形无柄，基部心形，半抱茎；全部叶质地坚硬，边缘皱波状，离基 5~9 出脉。头状花序单生茎端。总苞钟状。总苞片 4~5 层。舌状小花黄色。瘦果圆柱状，淡黄色。冠毛白色，蛛丝毛状。花果期 5~8 月。

产宁夏贺兰山，生于荒漠砾石地、沙质地及山前平原。分布于内蒙古。

18. 山柳菊属　*Hieracium* L.

山柳菊 *Hieracium umbellatum* L.

多年生草本。茎直立，不分枝，基部红紫色，无毛或被短柔毛。茎生叶披针形或线状披针形，先端渐尖，基部楔形，上面被短硬毛，下面沿脉被短硬毛；无柄；上部叶变小，披针形。头状花序多数在茎顶排列成伞房状，花序梗，密被短柔毛混生短硬毛；总苞锥形；总苞片 3~4 层，黑绿色，外层披针形，微被毛，内层矩圆状披针形；舌状花黄色，下部被长柔毛。瘦果圆柱形，黑紫色，具 10 条纵棱，无毛；冠毛浅棕色。花果期 8~10 月。

产宁夏六盘山及隆德县，生于山坡草地、林缘、路边。分布于东北、华北、西北、华中、西南等地。

19. 菊苣属 *Cichorium* L.

菊苣 *Cichorium intybus* L.

多年生草本。茎直立。基生叶莲座状，花期生存，倒披针状长椭圆形，包括基部渐狭的叶柄，大头状倒向羽状深裂或羽状深裂或不分裂而边缘有稀疏的尖锯齿，侧裂片 3~6 对或更多，顶侧裂片较大，向下侧裂片渐小，全部侧裂片镰刀形或不规则镰刀形或三角形。茎生叶少数，较小，卵状倒披针形至披针形，无柄，基部圆形或戟形扩大半抱茎。头状花序多数，单生或数个集生于茎顶或枝端，或 2~8 个为一组沿花枝排列成穗状花序。总苞圆柱状，总苞片 2 层，外层披针形；内层总苞片线状披针形。舌状小花蓝色。瘦果倒卵状。花果期 5~10 月。

宁夏有栽培，分布于甘肃、河北、黑龙江、河南、吉林、辽宁、陕西、山东、山西、台湾、新疆。

20. 岩参属 *Cicerbita* Wallr.

青甘岩参（青甘莴苣）*Cicerbita roborowskii* (Maxim.) Beauverd

多年生草本。根长圆柱形，棕褐色。茎直立，单一，不分枝，具纵条棱。叶长椭圆状披针形，先端渐尖，具小尖头，基部渐狭成具翅的短柄，倒向羽状深裂。头状花序在茎顶排列成疏散的圆锥花序；总苞圆筒形；总苞片 3 层，带紫色，外层总苞片卵形，中层总苞片狭卵形，内层总苞片线状长椭圆形，先端钝，具短缘毛；舌状花紫色或淡紫色。瘦果椭圆形，压扁，每面有 3 条纵肋，上收缩成喙状；冠毛 2 层，外层短毛状，内层长毛状。花果期 6~8 月。

产宁夏贺兰山和南华山，生于山坡草地或田边。分布于甘肃、青海、四川和西藏。

21. 莴苣属　*Lactuca* L.

（1）莴苣 *Lactuca sativa* L.

一年生草本。茎直立，粗壮，上部分枝，光滑无毛，含白色乳汁。基生叶丛生，无柄，长圆形，两面无毛；茎生叶向上渐小，长圆形卵形，先端急尖，基部心形，耳状抱茎。头状花序多数在茎顶排列成伞房圆锥状，总苞狭钟形，总苞片 3~4 层，外层卵形，内层披针形；舌状花黄色。瘦果长圆状倒卵形，压扁，每面具 7~8 条纵肋，上部被柔毛，喙较瘦果稍长；冠毛白色。花期 6~7 月，果期 8~9 月。

银川亦有栽培。我国南北各地均有分布和栽培。

（2）莴笋 *Lactuca sativa* L. var. *angustata* Irish. ex Bremek.

本变种与正种的主要区别为茎发达，粗壮肉质；基生叶不卷心，茎生叶长圆形至狭披针形。

宁夏普遍栽培。我国各地均有栽培，是重要和常见的蔬菜。

（徐晔春 拍摄）

（3）乳苣（蒙山莴苣、苦苦菜） *Lactuca tatarica* (L.) C. A. Mey.

多年生草本。根圆柱形。茎上部分枝，具纵棱，无毛。基生叶及茎下部叶质厚，长椭圆形，具小尖头，基部渐狭成具翅的柄，柄基稍扩展，半抱茎，羽裂，侧裂片三角形，边缘具小尖齿牙，两面无毛。头状花序在茎顶排列成开展的圆锥花序；总苞圆筒形；总苞片 3 层，边缘狭膜质，外层总苞片狭卵形，中层卵状披针形，内层总苞片线状长椭圆形；舌状花紫色或淡紫色。瘦果长椭圆形，具 5~7 条纵肋；冠毛白色。花果期 6~8 月。

宁夏全区普遍分布，生于田边、路旁、沟渠边或潮湿的盐碱地上。分布于东北、华北、西北各地。

22. 苦苣菜属　*Sonchus* L.

（1）苦苣菜 *Sonchus oleraceus* L.

一年生或二年生草本。根长圆锥形。茎直立，中空，具纵沟棱，上部具头状腺毛。叶互生，质薄，长椭圆形，大头羽裂；下部叶有具翅的柄，上部叶无柄，基部扩展为尖的戟形耳，抱茎。头状花序在茎顶排列成伞房花序；花梗及总苞以下具蛛丝状毛；总苞钟形；总苞片 3 层，外层卵状披针形，中层披针形，内层线状长椭圆形；舌状花黄色。瘦果长椭圆状倒卵形，压扁，褐色，两面各具 3 条纵棱，棱间有细皱纹；冠毛白色。花果期 5~8 月。

　　宁夏全区普遍分布，生于田野、路旁、村庄附近。全国各地均有分布。

（2）苣荬菜（甜苦苦菜）*Sonchus wightianus* DC.

　　多年生草本。根长圆锥形。茎直立，不分枝，具纵棱，无毛。叶长椭圆形，基部渐狭成具翅的柄，茎下部叶柄基稍扩大半抱茎，边缘具波状牙齿或羽裂，边缘具不规则的细尖齿牙；茎中部叶与下部叶相似，基部耳状抱茎，耳圆形；茎上部叶小，披针形。头状花序 4~10 个，在茎顶排列成疏散的伞房花序；总苞宽钟形；总苞片 3 层，外层总苞片狭卵形，中层披针形，内层线状披针形；舌状花黄色。瘦果长椭圆形，褐色，冠毛白色。花果期6~8 月。

　　宁夏全区普遍分布，生于田野、路旁、沟渠边或村庄附近。全国各地普遍分布。

23. 毛连菜属　*Picris* L.

日本毛连菜 *Picris japonica* Thunb.

二年生草本。根圆锥形，棕褐色，具分枝。茎直立，单生或 2~3 个丛生，上部具分枝，基部常呈紫红色，具纵棱，被钩状分叉硬毛。基生叶花期枯萎，茎生叶互生，下部叶倒披针形或披针状长椭圆形，先端钝尖，基部渐狭成具窄翅的叶柄，柄基扩展，边缘具疏的微齿牙，两面被钩状分叉硬毛；中部叶披针形，无柄，稍抱茎；上部叶小，狭披针形或线形。头状花序多数，在茎顶排列成不规则的伞房花序；总苞筒状钟形；总苞片 3 层，外面 2 层短，线形，内面 1 层较长，线状披针形，深绿色，背面被硬毛及短柔毛；花全部舌状，两性，黄色。瘦果梭形，黄棕色，具纵棱与细横皱纹；冠毛羽状。花期 6~8 月，果期 7~9 月。

产宁夏六盘山及南华山，生于山坡、田边、路旁。分布于甘肃、贵州、河北、黑龙江、河南、湖北、吉林、陕西、山东、山西、四川、西藏和云南。

24. 耳菊属　*Nabalus* Cass.

盘果菊 *Nabalus tatarinowii* (Maxim.) Nakai

多年生草本。主根直伸。茎直立，上部多分枝，被柔毛。茎下部叶大头羽状分裂，顶裂片心状戟形，边缘具不规则牙齿，两面沿叶脉被短硬毛或膜片状毛，边缘具糙硬毛，侧裂片 1 对；中部叶片心形，叶柄上有耳状小裂片；上部叶披针形，具短柄。头状花序排列成圆锥状，具细梗，梗上具小苞片；总苞圆柱形，总苞片 2 层，外层短，卵状披针形，内层线形；舌状花黄色。瘦果圆柱形，褐色，具 5 条纵肋；冠毛淡褐色。花期 7~8 月，果期 8~9 月。

产宁夏六盘山，生于山谷草地或山坡林下。分布于甘肃、河北、黑龙江、河南、湖北、吉林、辽宁、内蒙古、陕西、山东、山西、四川和云南。

25. 蒲公英属　*Taraxacum* F. H. Wigg.

（1）白花蒲公英 *Taraxacum albiflos* Kirschner & Štepanek

多年生草本。根圆柱形，根颈部具残存叶基。叶基生，莲座状，狭披针形，羽状深裂，顶裂片较大。花葶与叶等长或长于叶，上部叶被白色弯曲柔毛，下部无毛或疏被柔毛；总苞钟形，外层总苞片卵形，膜质，先端紫红色，具不明显的小角，内层总苞片长为外层的2.0~2.5倍，线状披针形，具狭膜质边缘，顶端暗褐色，无明显小角；舌状花白色或淡黄色，外围舌片背面具宽的暗绿色带。瘦果黄棕色，具纵肋，上部具短刺状突起。花果期5~8月。

产宁夏引黄灌区，生于沟渠边、草甸。分布于新疆。

（2）蒙古蒲公英 *Taraxacum mongolicum* Hand.-Mazz.

多年生草本。根长圆锥形。叶倒卵状披针形，基部渐狭成柄，大头羽裂，或不分裂而边缘具不规则的倒向齿牙，两面无毛。花葶与叶近等长或较叶为长，顶端被蛛丝状毛；总苞宽钟形；外层总苞片卵状披针形，边缘膜质，背面绿色，顶端具明显的小角或无，顶端边缘具缘毛，内层总苞片线状披针形，长为外层总苞片的1.5~2.0倍，顶端具小角；舌状花黄色。瘦果倒披针形，棕褐色，具纵沟，全体具刺状突起，并有横纹相连；冠毛白色。花果期5~7月。

宁夏全区普遍分布，生于山坡草地、田地、路旁。分布于安徽、福建、广东、贵州、河北、黑龙江、河南、湖北、湖南、江苏、吉林、辽宁、内蒙古、陕西、山西、山东、四川、西藏和浙江。

（3）垂头蒲公英 *Taraxacum nutans* Dahlst.

二年生草本。叶披针形、狭披针形或倒卵状披针形，先端钝或具疏或密的尖齿，全缘，稀具浅裂片，外层叶无毛或疏被蛛丝毛；内层叶密被蛛丝状毛。花葶1至数个，直立，约与叶等长或稍长于叶；头状花序总苞钟状，花后常下垂，总苞片约4层，近等长，线形，基部弧状或多少弯曲，先端具带紫色的短角状突起；舌状花橙黄褐色。瘦果先端尖，具短刺状突起，下部多少具瘤状突起或光滑，具圆柱形喙基。花果期6~7月。

产宁夏六盘山和南华山，生于山坡草地或林下。分布于河北、陕西和山西。

（4）白缘蒲公英 *Taraxacum platypecidum* Diels

多年生草本。根长圆锥形，根颈部具残存黑褐色叶基。叶倒卵状披针形，基部渐狭成柄，紫红色，羽状浅裂，顶裂片大，三角形，两面被蛛丝状长柔毛。花葶与叶等长或较叶长，密生蛛丝状毛；总苞宽钟形，外层总苞片宽卵形，具狭的膜质边缘，背面绿色，顶端无小角，边缘具蛛丝状缘毛，内层卵状披针形，长为外层的 2 倍，顶端无小角；舌状黄色，外围舌片背面具橘红色条纹。瘦果淡褐色，具纵肋，上部具刺状突起；花果期 6~7 月。

产宁夏贺兰山及南华山，生于山坡及浅沟草地。分布于河北、山西和甘肃。

（5）深裂蒲公英 *Taraxacum scariosum* (Tausch) Kirschner & Štepanek

多年生草本。叶长圆形或长圆状线形，羽状深裂至几乎全裂，顶端裂片长戟形，先端急尖或渐尖，每侧裂片 3~5 片，裂片线形或三角状线形，裂片先端急尖，全缘或具齿，倒向、少开展，裂片间有齿或小裂片。花葶 1~6，长于叶；总苞宽钟状；外层总苞片淡绿而常带红紫色，披针状卵圆形至披针形，伏贴，具窄膜质边，先端钝或渐尖，无角或具不明显的角，较内层总苞片宽或等宽；内层总苞片绿色，先端钝，无角或具小角，长为外层总苞片的 1.5~2 倍；舌状花黄色。瘦果淡灰褐色，具少量纵沟，上部 1/3 具大量小刺，无小瘤。花果期 6~8 月。

产宁夏贺兰山，生于海拔 2400m 以下的沟谷溪边和湿地。分布于河北、黑龙江、内蒙古、新疆、西藏、陕西和青海。

（6）华蒲公英 *Taraxacum sinicum* Kitag.

多年生草本。根长圆锥形，根颈部具多数黑褐色残存叶柄。叶倒卵状披针形，外层的叶羽状浅裂或具齿牙，开花时常枯萎，里面的叶羽状深裂，顶裂片较大，两面无毛或背面被稀疏柔毛。花葶与叶近等长，被蛛丝状白色长毛，上部稍密；总苞宽钟形；外层总苞片狭卵形，边缘膜质，背部淡绿色，顶端无小角，边缘具蛛丝状缘毛，内层总苞片披针形，较外层总苞片长 1.5~2.0 倍，边缘膜质，背面绿色，顶端无小角；舌状花黄色。瘦果浅棕色，上半部具刺状突起；花果期 7~8 月。

宁夏全区普遍分布，生盐碱地、田边、沟渠旁。分布于甘肃、河北、黑龙江、吉林、辽宁、内蒙古、山西、陕西和青海。

26. 苦荬菜属　*Ixeris* Cass.

中华苦荬菜 *Ixeris chinensis* (Thunb.) Nakai

多年生草本，具乳汁，全体无毛。茎丛生，具分枝。基生叶莲座状，线状披针形，基部渐狭下延成柄；叶柄基部扩展；茎生叶 1~2，披针形，基部稍抱茎。头状花序多数，排列成疏的伞房状圆锥花序；总苞圆筒状，总苞片 2 层，外层总苞片小，卵形，边缘狭膜质，内层总苞片线状披针形，边缘狭膜质；舌状花黄色、白色或淡紫红色。瘦果狭披针形，红棕色；冠毛白色。花果期 5~8 月。

宁夏全区普遍分布，生于山坡、路边、荒地、渠沟旁或田间。我国南北各地均有分布。

27. 假还阳参属　*Crepidiastrum* Nakai

（1）叉枝假还阳参（细茎黄鹌菜）*Crepidiastrum akagii* (Kitag.) J. W. Zhang & N. Kilian

多年生草本。根粗壮，圆柱形，颈部被多数黑褐色残存叶柄。茎多数丛生，直立，由基部开始呈二叉状分枝。基生叶长椭圆状披针形，基部渐狭成柄，羽状深裂，裂片三角形；茎生叶线形，全缘，无柄。头状花序在茎顶排列成聚伞状圆锥花序；总苞圆筒形；总苞片2层，外层总苞片短小，卵形，顶端背面具小角，内层总苞片线状长椭圆形，边缘膜质，顶端背面具小角；舌状花黄色。瘦果纺锤形，黑色，具粗细不等的纵肋；冠毛白色。花果期7~8月。

产宁夏贺兰山、罗山及香山，生于山坡石隙中。分布于甘肃、河北、内蒙古和新疆。

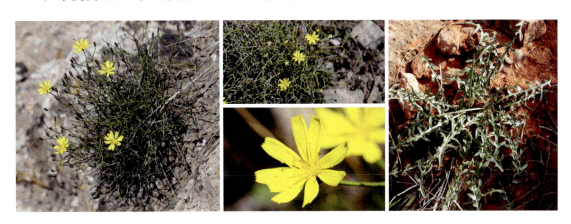

（2）尖裂假还阳参（抱茎苦荬菜）*Crepidiastrum sonchifolium* (Maxim.) Pak & Kawano

多年生草本。主根直伸，细长圆锥形。茎直立具分枝。基生叶铺散，倒卵状披针形，基部渐狭下延成柄；茎生叶狭小矩圆状披针形，先端锐尖，基部扩展成耳状抱茎，耳圆形，全缘或下部具尖齿牙。头状花序排列伞房状圆锥花序；总苞圆筒形；总苞片2层，外层小，卵形，先端尖，内层线形。矩圆形，先端尖，边缘狭膜质；舌状花淡黄色。瘦果线状披针形，黑色，具10条等粗的纵棱，棱上具刺状小突起；冠毛白色。花果期6~10月。

产宁夏贺兰山、六盘山及同心、海原等县，生于山坡、荒地、路边。分布于安徽、重庆、甘肃、广西、贵州、河北、黑龙江、河南、湖北、湖南、江苏、江西、吉林、辽宁、内蒙古、陕西、山东、山西和四川。

（3）细叶假还阳参（细叶黄鹌菜） *Crepidiastrum tenuifolium* **(Willd.) Sennikov**

多年生草本。根粗壮，颈部被多数黑褐色残存叶柄。茎直立，中部以上具分枝。基生叶披针形，羽裂，裂片线形，具长柄；上部叶狭线形，全缘，无柄。头状花序在茎顶排列成聚伞状圆锥花序；总苞圆筒形；总苞片 2 层，外层总苞片短小，背面被白色皱曲柔毛，顶部背面具小角，内层总苞片长为外层总苞片的 3.0~3.5 倍，边缘膜质，背部被白色皱曲柔毛，顶端背部具明显小角；舌状花黄色或淡黄色。瘦果纺锤形，具数条粗细不等的纵肋；冠毛白色。花果期 7~9 月。

产宁夏贺兰山，生于向阳山坡。分布于河北、黑龙江、吉林、辽宁、内蒙古、新疆和西藏。

28. 还阳参属 *Crepis* L.

北方还阳参 *Crepis crocea* **(Lam.) Babc.**

多年生草本。根长圆锥形，暗褐色，颈部被多数暗褐色残存叶柄。茎直立，不分枝，具纵棱，被短柔毛或疏被极短的硬刺毛。基生叶多数，丛生，倒披针形，基部渐狭成具狭翅的柄，羽裂，裂片三角形；茎生叶线形，全缘，无柄。头状花序 2~5 个；总苞钟形，总苞片 2 层，外层披针形，内层线状长椭圆形，长为外层总苞片的 2 倍，边缘膜质，被短柔毛及长硬刺状腺毛；舌状花黄色。瘦果纺锤状，暗褐色，上部具小刺；冠毛白色。花果期 5~8 月。

产宁夏贺兰山、罗山及固原市原州区，生于山坡、田边、路旁。分布于甘肃、河北、内蒙古、青海、陕西和山西。

29. 碱苣属 *Sonchella* Sennikov

碱苣（碱黄鹌菜）*Sonchella stenoma* (Turcz. ex DC.) Sennikov

多年生草本。茎直立，具纵棱，无毛。叶质厚，灰绿色，基生叶与茎下部叶线形，基部渐狭成具狭翅的长柄，全缘或有微牙齿，两面无毛，中上部叶较小，线形，全缘。头状花序具 8~12 朵花，多数在茎顶排列成总状或狭圆锥状；总苞圆筒状，总苞片无毛，顶端鸡冠状，背面顶端有角状突起，边缘宽膜质，具缘毛；舌状花舌片顶端的齿紫色。瘦果纺锤形，具纵肋，沿肋密被小刺毛，顶端具喙；冠毛白色。花果期 7~9 月。

产宁夏盐池县，生于盐碱湿地、水边草地。分布于内蒙古和甘肃。

30. 蜂斗菜属 *Petasites* Mill.

蜂斗菜 *Petasites japonicus* (Sieb. et Zucc.) Maxim.

多年生草本，全株疏被白色绒毛或棉毛。根状茎粗壮，横走。花茎早春自根状茎抽出，茎生叶苞叶状，披针形，先端尖，基部抱茎；基生叶后出，肾形，先端钝，基部耳状深心形，边缘具不整齐的牙齿，齿端具小尖头，背面疏被蛛丝状毛。近雌雄异株，雌花头状花序密集于花茎顶端成总状聚伞花序，雌花花冠白色，细管状，先端 2~3 齿裂，总苞片 2 层，近等长，长椭圆形；雄花或两性花，黄白色，5 齿裂，裂片披针形。瘦果无毛，冠毛白色。花期 4 月，果期 5~6 月。

产宁夏南华山，生于山谷、林缘阴湿处。分布于安徽、福建、河南、湖北、江苏、江西、陕西、山东、四川和浙江。

31. 款冬属 *Tussilago* L.

款冬 *Tussilago farfara* L.

多年生草本。根状茎横走。基生叶花后生出，宽心形，质厚，基部心形，边缘浅波状，有顶端增厚呈浅褐色的疏齿，下面灰白色，密被棉毛；叶柄，带红紫色，被白色棉毛；花茎被棉毛，具互生鳞片状叶 10 多枚，长椭圆形，红紫色或淡紫褐色。头状花序顶生；总苞筒状钟形；总苞片 1~2 层，披针形，膜质，背面被棉毛；边花黄色，雌性，舌状，舌片丝状，盘花黄色，两性，管状，顶端 5 裂。瘦果长椭圆形，具纵肋；冠毛淡黄色。花期 3~4 月。

产宁夏六盘山，生于山谷河边。分布于安徽、甘肃、贵州、河北、河南、湖北、湖南、江苏、江西、内蒙古、陕西、山西、四川、新疆、西藏和云南。

32. 华蟹甲属 *Sinacalia* H. Rob. & Brettell

华蟹甲 *Sinacalia tangutica* (Maxim.) B. Nord.

多年生草本。根状茎直伸，顶端膨大成块茎状。茎直立，单一，上部被蛛丝状棉毛。基生叶花期枯萎，茎生叶互生，三角状宽卵形，羽状深裂，裂片 3~4 对，长椭圆形；叶柄基部扩展成鞘状抱茎。头状花序在茎顶排列成圆锥花序；总苞筒形；总苞片外层线形，内层长椭圆形，边缘膜质，顶端边缘具白色短缘毛；花冠舌片长椭圆形，黄色，顶端 3 齿裂，管状花花冠顶端 5 裂。瘦果圆柱形，褐色，无毛；冠毛糙毛状，白色。花期 8 月，果期 9 月。

产宁夏六盘山，生于林缘或山谷沟边。分布于甘肃、河北、河南、湖北、湖南、青海、山西、陕西和四川。

33. 蟹甲草属 *Parasenecio* W. W. Sm. & J. Small

（1）山尖子 *Parasenecio hastatus* (L.) H. Koyama

多年生草本。根状茎直伸。茎直立单一，具纵沟棱。茎下部叶开花时枯萎，茎中部叶三角状戟形，基部楔状下延成上部具翅的叶柄，边缘具不规则的尖锯齿或齿牙，下面被柔毛；上部叶长三角状戟形。头状花序下垂，在茎顶排列成金字塔形圆锥花序，花梗密被短硬毛；总苞筒状；总苞片 8，外层线形，内层长椭圆形，边缘膜质。无舌状花，管状花花冠顶端 5 裂，裂片披针形。瘦果圆柱形，具纵肋；冠毛糙毛状，与花冠等长。花期 7~8 月，果期8~9 月。

产宁夏六盘山，生于林缘或草地。分布于甘肃、河北、黑龙江、吉林、辽宁、内蒙古、陕西和山西。

（2）太白山蟹甲草 *Parasenecio pilgerianus* (Diels) Y. L. Chen

多年生草本。茎直立，上部和花序被短柔毛。下部叶花期常凋落，宽肾形，掌状分裂，裂片5~7，倒卵形，再羽状浅裂，基部近截形或微心形，边缘有具小尖的波状齿；中部叶，上面疏被短伏毛，下面被短柔毛；叶柄，上部叶渐变小。头状花序在顶端分枝上密集成圆锥状，基部具1枚外弯的小苞片，线状披针形；总苞圆筒形，总苞片3枚，干膜质；花3朵，黄色。瘦果；冠毛淡褐色。花期8月，果期9月。

产宁夏六盘山，生于海拔2000m左右的山地林缘或山谷阴湿处。分布于陕西、甘肃和青海。

（3）蛛毛蟹甲草 *Parasenecio roborowskii* (Maxim.) Y. L. Chen

多年生草本。根状茎粗壮，横走。茎直立单一，具纵沟棱，被蛛丝状白色棉毛。基生叶花期枯萎，茎生叶三角状宽卵形，边缘具不规则的粗锯齿，齿端具小尖头，上面疏被平贴短毛，下面灰白色，密被灰白色蛛丝状棉毛；疏生蛛丝状棉毛。头状花序多数，下垂，在茎顶排列成圆锥花序；总苞圆柱形；总苞片3个，线形，无毛；无舌状花，管状花3~4个，花冠，白色。瘦果圆柱形，具纵肋，无毛；冠毛白色，糙毛状。花期7~8月，果期8~9月。

产宁夏六盘山，生于林下或山谷沟边。分布于甘肃、青海、陕西、四川和云南。

34. 兔儿伞属　*Syneilesis* Maxim.

兔儿伞 *Syneilesis aconitifolia* (Bunge) Maxim.

多年生草本。根状茎横走，具多数须根。茎直立，单一，棕褐色，具纵棱，无毛。茎生叶 2 枚，互生，叶片圆盾形，下部 1 枚较大，掌状深裂，裂片 7~9，再 2~3 回叉状分裂，小裂片宽线形，先端渐尖，边缘具不规则的疏锯齿，无毛。头状花序多数，在茎顶排列成密集的复伞房状；苞叶线形；总苞圆筒状，紫褐色，总苞片背面有毛；管状花。瘦果，暗褐色；冠毛淡红褐色，与管状花等长。花果期 7~9 月。

产宁夏六盘山，生于山坡草地、林缘或路旁。分布于福建、安徽、甘肃、贵州、河北、黑龙江、河南、江苏、辽宁、浙江、陕西和山西。

（刘冰　拍摄）

35. 橐吾属　*Ligularia* Cass.

（1）大黄橐吾 *Ligularia duciformis* (C. Winkl.) Hand.-Mazz.

多年生草本。茎直立，密被棕色短伏毛。叶大，宽圆形，宽大于长，基部心形，下面密被棕色短毛；叶片盾状着生于叶柄上，叶柄密被棕色短伏毛，柄基扩展成宽鞘状，抱茎。头状花序在茎顶排列成总状复伞房花序；总苞圆筒形，苞叶狭线形；总苞片 2 层，外层线形，内层长椭圆形，边缘膜质，基部褐色；花全部管状，花冠黄色，顶端 5 裂，裂片线形。瘦果倒卵状长椭圆形，无毛；冠毛白色，糙毛状，与花冠狭筒部等长。花期 7~8 月，果期 8~9 月。

产宁夏六盘山，生于山谷溪边。分布于甘肃、陕西、四川和云南。

（2）掌叶橐吾 *Ligularia przewalskii* (Maxim.) Diels

多年生草本。根状茎短粗。茎直立单生，无毛，常带暗紫色。基生叶轮廓近圆形，基部深心形，掌状深裂，裂片7个，菱形，上面疏被短硬毛，下面无毛；叶柄长，具纵沟棱，无毛。头状花序多数，在茎顶排列成总状花序；苞叶狭线形；总苞圆筒形；总苞片5个，外层线形，内层长椭圆形，边缘膜质，舌状花2，舌片顶端3齿裂，黄色，管状花3~5个，花冠黄色。瘦果圆柱形，具纵肋，褐色；冠毛紫褐色，糙毛状。花期7~8月，果期8~9月。

产宁夏六盘山和南华山，生于林缘、草地或山谷溪边。分布于甘肃、江苏、内蒙古、青海、陕西、山西和四川。

（3）箭叶橐吾 *Ligularia sagitta* (Maxim.) Mattf.

多年生草本。根状茎粗短具多数细根。茎直立，单一，具明显的纵沟棱。基生叶卵形，边缘具不规则的圆钝细齿，被蛛丝状棉毛，沿脉被长粗毛；叶柄，具纵沟棱，被蛛丝状棉毛，柄基扩展成鞘状。头状花序在茎顶排列成总状花序；苞叶线状披针形；总苞圆筒形；外层线形，内层长椭圆形，顶端边缘具白色短缘毛；舌状花黄色，先端3齿裂，管状花顶端5裂，黄色。瘦果圆柱形，具纵肋；冠毛糙毛状，与管状花冠等长，污白色。花期7月，果期8~9月。

产宁夏六盘山，生于山坡草丛或山谷溪边或湿地。分布于甘肃、河北、黑龙江、内蒙古、青海、陕西、山西、四川、西藏和云南。

（4）橐吾 *Ligularia sibirica* (L.) Cass.

多年生草本。茎直立，单一，具纵沟棱。基生叶 2~3 枚，卵状心形，基部心形，边缘具细齿；叶柄，基部扩展成鞘；茎生叶 2~3 枚，渐小，三角状心形，具短柄，基部扩展成鞘抱茎。头状花序在茎顶排列成总状，有时为复总状；总苞钟状，基部具线形苞片；外层总苞片线状披针形，内层矩圆状披针形，背面被微毛；舌状花，先端 2~3 齿，管状花。瘦果；冠毛污白色，与管状花冠等长。花果期 7~9 月。

产宁夏六盘山，生于海拔 2300m 左右的林缘草地、河边灌丛中。分布于黑龙江、吉林、内蒙古。

36. 狗舌草属　*Tephroseris* (Reichenb.) Reichenb.

（1）红轮狗舌草 *Tephroseris flammea* (Turcz. ex DC.) Holub.

多年生草本。根状茎短。茎直立，单一，具纵沟棱，被蛛丝状棉毛或柔毛。基生叶长椭圆形，基部渐狭成具翅的柄，上面被柔毛，下面被蛛丝状棉毛；叶柄基鞘状抱茎。头状花序在茎顶排列成伞房花序；总苞宽钟形；总苞片 1 层，线形，先端尖，暗紫色，先端边缘具短缘毛；舌状花 1 层，花冠舌片橘红色，顶端 3 裂；管状花黄色，顶端 5 裂。瘦果圆柱形，被短柔毛；冠毛糙毛状，污白色，与舌状花筒部和管状花的狭筒部等长。花期 7 月，果期 8~9 月。

产宁夏六盘山及南华山，生林缘、草地、路边。分布于河北、黑龙江、吉林、内蒙古、陕西和山西。

（2）狗舌草 *Tephroseris kirilowii* (Turcz. ex DC.) Holub

多年生草本。茎单生，被密白色蛛丝状毛，有时或多或少脱毛。基生叶数个，莲座状，长圆形或卵状长圆形，顶端钝，具小尖，基部楔状至渐狭成具狭至宽翅叶柄，两面被密或疏白色蛛丝状绒毛；茎叶少数，向茎上部渐小，下部叶倒披针形，或倒披针状长圆形，基部半抱茎。头状花序 3~11 个排列多少伞形状顶生伞房花序。总苞近圆柱状钟形，无外层苞片；总苞片 18~20 个，披针形或线状披针形，顶端渐尖或急尖，绿色或紫色，草质，具狭膜质边缘，外面被密或有时疏蛛丝状毛，或多少脱毛。舌状花 13~15；舌片黄色，长圆形，顶端钝，具 3 细齿，4 脉。管状花多数，花冠黄色。瘦果圆柱形。花期 2~8 月。

产宁夏六盘山，生于草地山坡或山顶阳处。分布于福建、安徽、甘肃、广东、贵州、河北、黑龙江、河南、湖北、湖南、江苏、江西、吉林、辽宁、内蒙古、陕西、山东、山西、四川、台湾和浙江。

37. 蒲儿根属　*Sinosenecio* B. Nord.

蒲儿根 *Sinosenecio oldhamianus* (Maxim.) B. Nord.

多年生或二年生茎叶草本。茎单生，或有时数个，直立。基部叶在花期凋落，具长叶柄；下部茎叶具柄，叶片卵状圆形或近圆形，顶端尖或渐尖，基部心形，边缘具浅至深重齿或重锯齿，齿端具小尖，膜质，上面绿色，掌状 5 脉，叶脉两面明显；上部叶渐小，叶片卵形或卵状三角形，基部楔形；最上部叶卵形或卵状披针形。头状花序多数排列成顶生复伞房状花序；总苞宽钟状；总苞片约 13 枚，1 层，长圆状披针形；舌片黄色，长圆形；管状花多数，花冠黄色。瘦果圆柱形。花期 1~12 月。

产宁夏六盘山，生于林缘或路旁。分布于安徽、重庆、福建、甘肃、广东、广西、贵州、河南、湖北、湖南、江苏、江西、陕西、山西、四川、云南、浙江。

（刘冰　拍摄）

38. 合耳菊属　*Synotis* (C. B. Clarke) C. Jeffrey & Y. L. Chen

术叶菊（术叶合耳菊）*Synotis atractylidifolia* (Ling) C. Jeffrey et Y. L. Chen

半灌木。地下茎粗壮，木质。茎直立，丛生，下部木质化，无毛，带暗紫红色。基生叶花期枯萎，茎生叶互生，披针形，先端渐尖，基部渐狭，边缘具细锯齿；无柄。头状花序多数，在茎顶排列成密集的复伞房花序；总苞筒状钟形；总苞片 1 层，线形，先端尖，带紫红色，边缘膜质，外层具 1~3 个小总苞片，线形；舌状花舌片黄色，顶端凹，管状花约 10 个。瘦果圆柱形，褐色，具纵棱，无毛；冠毛糙毛状，白色。花期 6~9 月，果期 8~10 月。

产宁夏贺兰山，生于山坡路边及石质河滩地。分布于内蒙古。

39. 千里光属　*Senecio* L.

（1）北千里光 *Senecio dubitabilis* C. Jeffrey et Y. L. Chen

一年生草本。茎多由基部分枝，具纵条棱，疏被白色长皱曲毛。叶互生，长椭圆状披针形，不规则的羽裂，两面疏被白色皱曲长毛，无柄；上部叶线形。头状花序多数，在茎顶和枝端排列成松散的伞房花序；梗细，具数个狭线形的小苞叶，总苞钟形；总苞片 1 层，线形，先端尖，背面绿棕色，无毛，边缘膜质；无舌状花，管状花冠细，顶端 5 裂。瘦果圆柱形，褐色，具纵肋，微被短柔毛；冠毛白色，稍短于管状花冠。花期 7~8 月，果期 8~9 月。

产宁夏南华山，生于山沟沙质地。分布于河北、甘肃、内蒙古、青海、陕西、新疆和西藏。

（2）羽叶千里光（额河千里光） *Senecio argunensis* Turcz.

多年生草本。根状茎短粗。茎直立单一，被蛛丝状棉毛。基生叶花期枯萎，茎生叶互生，叶片宽椭圆形，羽状深裂，裂片披针形，上面被蛛丝状棉毛，下面被柔毛；无柄。头状花序在茎顶排列成复伞房花序；总苞钟形；总苞片 1 层，倒披针形，边缘宽膜质，背部被蛛丝状棉毛；舌状花 10~12 个，舌片黄色，具棕褐色纵条纹，狭线形，管状花。瘦果圆柱形，褐色，具纵棱，无毛；冠毛糙毛状，污白色，与管状花冠等长。花期 7~8 月，果期 8~9 月。

产宁夏六盘山，生于林缘或山谷溪旁。分布于甘肃、安徽、河北、黑龙江、河南、湖北、江苏、吉林、辽宁、内蒙古、青海、陕西、山西和四川。

40. 金盏菊属 *Calendula* L.

金盏花 *Calendula officinalis* L.

一年生草本。基生叶长圆状倒卵形或匙形，全缘或具疏细齿，具柄，茎生叶长圆状披针形或长圆状倒卵形，无柄，边缘波状具不明显的细齿。头状花序单生茎枝端，总苞片 1~2 层，披针形或长圆状披针形，外层稍长于内层，顶端渐尖；小花黄或橙黄色，长于总苞的 2 倍；管状花檐部具三角状披针形裂片。瘦果全部弯曲，淡黄色或淡褐色，外层的瘦果大半内弯，外面常具小针刺，顶端具喙，两侧具翅脊部具规则的横折皱。花期 4~9 月，果期 6~10 月。

宁夏各地广泛栽培，供观赏。

41. 香青属 *Anaphalis* DC.

（1）黄腺香青 *Anaphalis aureopunctata* Lingelsh. et Borza

多年生草本。根粗壮。茎不分枝，上部被白色蛛丝状棉毛。基生叶莲座状，匙形，基部渐狭成柄，两面被灰白色棉毛；茎生叶互生，椭圆形，具小尖头，基部渐狭成长柄，且下延沿茎形成翅，两面被具腺毛及蛛丝状棉毛，具离基三出脉。头状花序多数，密集，排列成复伞房花序；总苞钟形，总苞片约 5 层，外层总苞片卵形，棕褐色，被长棉毛，内层椭圆形，白色或黄白色，最内层长椭圆形。雌株头状花序具多数雌花，中央具 2~3 个两性花。冠毛较花冠稍长。花期 7~8 月，果期 8~9 月。

产宁夏六盘山，生于林缘草地。分布于甘肃、广东、广西、贵州、河南、湖北、湖南、江西、青海、陕西、山西、四川和云南。

（2）铃铃香青 *Anaphalis hancockii* **Maxim.**

多年生草本。根状茎具褐色膜质鳞片。茎不分枝，被头状腺毛及棉毛。基生叶倒卵状披针形；茎生叶互生，披针形，常焦枯，基部下延成狭翅，全缘，具明显的离基三出脉，两面被头状短腺毛。头状花序在茎顶排列成复伞花序；总苞宽钟形，总苞片4层，最外层长椭圆形，棕色，内层卵状椭圆形，最内层倒披针形；雌株头状花序具多数雌花，花冠长细管状，中央具1~6个两性花，雄株头状花序全部具两性花。冠毛稍长于花冠，具锯齿。瘦果，棕褐色，被乳头状突起。花期7~8月，果期8~9月。

产宁夏南华山，生于山坡草地。分布于甘肃、河北、青海、陕西、山西、四川和西藏。

（3）乳白香青 *Anaphalis lactea* **Maxim.**

多年生草本。根状茎粗壮，具褐色鳞片。茎直立丛生，不分枝，密被白色棉毛。基生叶及茎下部叶倒披针形，基部渐狭成具翅的柄，叶片两面及叶柄均密被白色棉毛，茎中部和上部的叶披针形，具 1 条脉，两面密被白色棉毛。头状花序在茎顶排列成复伞房花序；总苞钟形，总苞片 4 层，外层卵形，褐色，被蛛丝状毛，内层椭圆形，上半部乳白色，下半部棕褐色，最内层倒披针形；雌株头状花序具多层雌花，中央具 2~3 个两性花，雄株头状花序全部为不育的两性花。冠毛较花冠稍长。瘦果，无毛。

产宁夏南华山及固原市原州区、隆德等县，生于山坡草地、沟边或田边。分布于甘肃、青海和四川。

（4）黄褐珠光香青 *Anaphalis margaritacea* (L.) A. Gray. var. *cinnamomea* (DC.) Herd.ex Masim.

多年生草本。根状茎粗壮，木质。茎直立，不分枝，下部木质化，被灰白色蛛丝状棉毛，后变无毛。叶革质，长圆状披针形，基部渐狭，边缘反卷，背面被褐色厚密的蛛丝状棉毛，具离基 3 出或 5 出脉，背面隆起。头状花序多数聚集成复伞房状；总苞宽钟状，总苞片 5~7 层，上部白色，基部淡褐色，被淡褐色蛛丝状毛；雄株的头状花序全为雄花或外围有少数雌花，雌株的头状花序全为雌花。瘦果具腺点，冠毛较花冠长。花期 7~9 月，果期 9~10 月。

产宁夏固原市原州区，生于海拔 2200m 左右的山坡草地。分布于甘肃、广东、广西、贵州、河北、河南、湖北、湖南、江西、青海、山西、四川、台湾、西藏和云南。

（5）香青 *Anaphalis sinica* Hance

多年生草本。根状茎粗壮，具褐色鳞片。茎直立不分枝，密生白色棉毛。叶互生，长椭圆形，基部渐狭并下延沿茎形成狭翅，上面被白色蛛丝状棉毛，下面密被灰白色棉毛。头状花序排列成 2~3 回的复伞房花序，密集；总苞钟形，总苞片约 7 层，外层狭卵形，棕色，外面疏被蛛丝状棉毛，内层长椭圆形，先端圆形，最内层长椭圆形；雌株头状花序具多层雌花，中央具 1~4 不育两性花；雄株头状花序全部为不育两性花。冠毛稍长于花冠，具锯齿。瘦果，被小腺点。花期 6~8 月，果期 8~10 月。

　　产宁夏六盘山、南华山及严家山，生于草地或山谷湿地。分布于安徽、福建、甘肃、广西、贵州、河北、河南、湖北、湖南、江苏、江西、陕西、山东、山西、四川、云南和浙江。

42. 火绒草属 *Leontopodium* R. Br.

（1）美头火绒草 *Leontopodium calocephalum* (Franch.) Beauv.

多年生草木。根状茎横走，暗褐色。茎直立不分枝，密被白色；不育枝叶丛生，倒披针形，具小尖头，基部鞘状，上面被蛛丝状棉毛，背面被灰白色茸毛；茎生叶线状倒披针形，抱茎，背面密生灰白色茸毛；苞叶卵状披针形，两面密被灰白色棉状茸毛，形成开展的苞叶群。头状花序 5~7 个；总苞宽钟形，总苞片 3~4 层；小花异形，雌花和两性花异株或同株；雌花花冠细管状；两性花花冠细漏斗状。瘦果矩圆形；冠毛白色，雌花冠毛细丝状，全体具细齿。花期 7~8 月，果期 8~9 月。

　　产宁夏六盘山及南华山，生于林下湿润处或崖下岩石缝隙中。分布于甘肃、青海、四川和云南。

（2）薄雪火绒草 *Leontopodium japonicum* Miq.

多年生草本。根状茎多分枝。茎直立，不分枝，纤细，密生白色棉毛状柔毛。叶片倒披针形，先端急尖，具小尖头，基部楔形，无鞘，背面密被灰白色茸毛，中脉明显；苞叶矩圆形，两面被灰白色绒毛。头状花序组成伞房花序；总苞宽钟形，总苞片3层，披针形，背面密被白色茸毛，膜质。小花异型或雌雄异株；雄花花冠漏斗状，裂片披针形；雌花花冠细管状。瘦果矩圆形，具乳突；冠毛白色，雌花冠毛细丝状，下部具锯齿。花期6~9月，果期7~10月。

产宁夏六盘山，生于山坡草地、杂木林下或灌丛。分布于安徽、甘肃、河南、湖北、江苏、陕西、山西、四川和浙江。

（3）长叶火绒草 *Leontopodium junpeianum* Kitam.

多年生草本。根状茎粗壮，直生。茎直立不分枝，密生白色棉状茸毛。基生叶莲座状丛生，线状倒披针形，基部鞘状，下面被短茸毛，花期枯萎且宿存；茎生叶线状长矩圆形，半抱茎，上面被蛛丝状毛，干后呈黑褐色，背面被灰白色茸毛；苞叶卵状披针形，两面生淡黄白色长柔毛状茸毛，集成开展的苞叶群。头状花序多数，密集；总苞片3层，长椭圆形，无毛；小花雌雄异株，花冠，雄花花冠细漏斗状；雌花花冠细管状。瘦果圆柱形，具短粗毛；冠毛白色。花期7~8月，果期8~9月。

产宁夏六盘山、月亮山及固原市原州区、隆德等县，生于山坡草地或灌丛。分布于甘肃、河北、内蒙古、青海、陕西、山西、四川和西藏。

（4）火绒草 *Leontopodium leontopodioides* **(Willd.) Beauv.**

多年生草本。根状茎粗壮，分枝短，被枯萎残存叶鞘，具多数丛生的花茎和不育枝，无莲座状叶丛。花茎直立，不分枝，密生白色棉毛状茸毛。茎生叶披针形，无柄，两面密被棉毛状茸毛；苞叶披针形，两面密被茸毛，不组成展开的苞叶群；头状花序5~7个，密集；总苞半球形；密被白色棉毛状茸毛，总苞片4层，披针形；小花雌雄异株；雄花花冠狭漏斗形；雌花花冠细管状。瘦果长圆柱状；冠毛白色。花期6~7月，果期7~9月。

产宁夏贺兰山、罗山、麻黄山、六盘山及南华山，生于山坡、河滩地。分布于甘肃、河北、内蒙古、青海、陕西、山东、山西和新疆。

（5）矮火绒草 *Leontopodium nanum* (Hook. f. et Thoms.) Hand.~Mazz.

多年生草本。垫状。根状茎分枝细，木质。不育枝叶呈莲座状；花茎单生，直立，不分枝，密生白色长棉毛。基部叶丛生；茎生叶匙形，基部渐狭成短窄的鞘部，两面密被长柔毛状棉毛，苞叶直立，不开展成星状苞叶群。头状花序 1~3 个；总苞片 4~5 层，线形，褐色，露于棉毛之上；花雌雄异株；雄花花冠漏斗状；雌花花冠细管状，先端 4 裂，花柱外露，柱状 2 裂。冠毛白色，雌花冠毛细丝状，雄花冠毛上部增粗。花期 5~6 月，果期 6~7 月。

产宁夏贺兰山和六盘山，生于山坡草地。分布于甘肃、陕西、四川、新疆和西藏。

（6）绢茸火绒草 *Leontopodium smithianum* Hand.-Mazz.

多年生草本。根状茎粗短，直伸。不育枝直立，具密生叶而无顶生的莲座状叶丛；花茎直立，丛生，不分枝，密生白色棉毛状茸毛。基生叶花期枯萎；茎生叶直立，线状倒披针形，无柄，上面被棉毛状长柔毛，背面密生棉毛状茸毛；苞叶线状披针形，两面密被白色茸毛，组成不整齐的开展苞叶群。头状花序组成伞房状；总苞，密被白色棉状茸毛；总苞片3~4 层，披针形；雄雌异株；花冠，雄花花冠细漏斗状；雌花花冠细管状。瘦果圆柱形，被短粗毛；冠毛白色。花期 5~7 月，果期 7~9 月。

产宁夏贺兰山、六盘山、海原关门山及隆德等县，生于山坡、田边、路旁。分布于甘肃、河北、青海、内蒙古、陕西和山西。

43. 碱菀属　*Tripolium* Nees

碱菀 *Tripolium pannonicum* (Jacquin) Dobroczajeva

一年生草本。茎直立分枝，具纵条棱，无毛。叶线状长椭圆形，全缘，两面无毛；无柄。头状花序在枝顶排列成伞房花序；总苞倒卵形；总苞片2~3层，肉质，先端圆钝，边缘浅红紫色，无毛，外层总苞片稍短，卵状披针形，内层较长，长椭圆形，边缘具短缘毛；边花蓝紫色，舌状，1层，雌性，舌片先端3齿裂，盘花管状，两性，裂片5。瘦果圆柱形，褐色，疏被白色柔毛；冠毛多层，糙毛状，白色或淡红色。花期7~8月，果期8~9月。

宁夏引黄灌区普遍分布，生于沟渠边、池沼旁、低洼湿地及盐碱地。分布于甘肃、河北、黑龙江、湖南、江苏、吉林、辽宁、内蒙古、青海、陕西、山东、山西、四川、新疆和浙江。

44. 翠菊属　*Callistephus* Cass.

翠菊（江西蜡）*Callistephus chinensis* (L.) Nees

一年生或二年生草本。茎直立具分枝，被白色皱曲毛。叶菱状卵形，边缘具不规则的粗钝锯齿，背面沿脉疏被硬糙毛。头状花序单生枝端；总苞半球形；总苞片3层，外层和中层总苞片较长，草质，长椭圆状倒披针形，两面无毛，边缘具硬糙毛，内层较短，长椭圆形；舌状花雌性，紫红色或红色；管状花两性，黄色，顶端5裂，裂片卵形。瘦果狭倒卵形，密被短柔毛；冠毛2层，外层短，膜片状，易脱落；内层长，羽毛状，白色。花期8~9月。

宁夏普遍栽培。分布于甘肃、河北、黑龙江、河南、江苏、吉林、辽宁、内蒙古、山东、山西、四川、新疆和云南。

45. 紫菀属　*Aster* L.

（1）阿尔泰狗娃花 *Aster altaicus* Willd.

多年生草本。茎多分枝，被弯曲的硬毛。基生叶开花时枯萎，茎生叶互生，线形，基部渐狭，全缘，无柄，两面被弯曲的短硬毛。头状花序；总苞半球形，总苞片 2~3 层，草质，边缘膜质，背面被短硬毛，外层总苞片线状长椭圆形，内层菱状长椭圆形，先端紫红色，舌状花淡蓝紫色，管状花黄色，顶端 5 裂，其中 1 裂片稍长，外面被毛。瘦果倒卵状矩圆形，密被长柔毛；管状花冠毛红褐色，糙毛状。花期 5~9 月，果期 6~10 月。

宁夏全区普遍分布，生于荒漠、沙地、路边、山坡。分布于东北、华北、西北及湖北、四川等。

（2）狭苞紫菀 *Aster farreri* W. W. Sm. et J. F. Jeffr.

多年生草本。茎直立单生，不分枝，基部具褐色残存叶柄，被皱曲毛。叶长椭圆状倒披针形，全缘，两面被白色长毛，边缘具白色长缘毛。头状花序单生茎顶；总苞半球形；总苞片 2~3 层，近等长，线形，先端细尖，外层总苞片背面被短毛；舌状花蓝紫色，管状花黄色，顶端 5 裂。瘦果倒卵状椭圆形，棕褐色，被白色短硬毛；冠毛 2 层，内层糙毛状，与管状花冠等长，外层短，膜片状，白色。花期 7~8 月，果期 8~9 月。

产宁夏南华山，生于山坡草地。分布于河北、山西、甘肃、青海和四川。

（3）狗娃花 *Aster hispidus* Thunb.

一年生或二年生草本。茎直立，被弯曲短硬毛。基生叶倒披针形，边缘具疏锯齿，茎生叶互生，长椭圆形，全缘，无柄；叶两面均被弯曲短硬毛。头状花序；总苞半球形；总苞片 2 层，背面被短硬毛，外层总苞片线状披针形，草质，边缘暗紫色，内层线形，紫红色，边缘膜质。舌状花淡红色，管状花黄色，顶端 5 裂。瘦果倒卵形，具纵肋，被短伏毛；舌状花冠毛极短，红褐色，管状花冠毛，红褐色，糙毛状。花期 7~8 月，果期 8~9 月。

产宁夏六盘山、月亮山及彭阳、固原市原州区等市（县），生于山坡草地或林下。分布于我国西北、北部、东北部及四川、湖北、安徽、江西、浙江、台湾等。

（江建强·拍摄）

（4）圆苞紫菀 *Aster maackii* **Regel**

多年生草本。根状茎粗壮。茎直立，单一。基生叶花时枯萎，叶卵状长椭圆形，边缘具疏锯齿，齿端具小尖头，上面被短硬毛，下面被短硬毛，具离基三出脉，无柄。头状花序在茎顶排列成伞房花序；总苞半球形；总苞片3层，上半部紫褐色，下半部革质，外层总苞片短，卵状椭圆形，内层长椭圆形，舌状花紫红色，先端圆钝，管状花黄色，顶端5裂。瘦果倒卵状长椭圆形，被白色短毛；冠毛1层，糙毛状，淡红褐色。花期7~8月，果期8~9月。

产宁夏六盘山及固原市原州区，生于湿润草地或水沟边。分布于黑龙江、吉林、辽宁和内蒙古。

（5）北方马兰 *Aster mongolicus* **Franch.**

多年生草本。茎直立，上部具分枝，上部及分枝被上伸的短柔毛。叶椭圆形，边缘下部齿或羽裂，上面被短硬毛，背面被短柔毛；无柄，上部叶渐小，披针形，全缘。头状花序单生枝端或排列成伞房花序；总苞半球形；总苞片3层，边缘暗紫红色，边缘被短缘毛，外层总苞片线状长椭圆形，内层长椭圆形；边花淡蓝紫色，舌状，花冠，管状花黄色，花冠，顶端5裂。瘦果狭倒卵形，褐色，疏被短柔毛；冠毛极短，不等长。花期7~8月，果期8~9月。

产宁夏六盘山，生于林缘草地或路边草丛中。分布于河北、黑龙江、吉林、辽宁和内蒙古。

（6）荷兰菊 *Aster novi-belgii* L.

多年生草生。茎直立，多分枝。叶狭长椭圆形，基部渐狭，抱茎，全缘，边缘具白色短缘毛；上部叶渐小。头状花序单生枝端或排列成圆锥状伞房花序；总苞半球形；总苞片 2 层，近等长，线状披针形，先端尖，上半部草质，下半部革质；舌状花蓝紫色，管状花黄色，常带紫红色，顶端 5 裂。瘦果长椭圆形，褐色，疏被白色短毛；冠毛 1 层，污白色，糙毛状，与管状花冠等长。花期 8~9 月。

宁夏银川市公园有栽培。原产北美。

（7）全叶马兰 *Aster pekinensis* (Hance) Kitag.

多年生草本。茎直立，多分枝，密被向上的短柔毛。叶互生，较密，披针形，先端锐尖，全缘，边缘反卷，两面密被灰白色短毛；无柄，上部叶渐小。头状花序单生枝顶；总苞半球形；总苞片 3 层，边缘紫红色或褐色，具短缘毛，外层较短，披针形，中层线状长椭圆形，背面被短毛，内层长椭圆状倒披针形；边花淡紫色，舌状，筒部外面被短毛，管状花黄色，顶端 5 裂。瘦果倒卵形，疏被短毛；冠毛褐色，不等长，易脱落。花期 7~8 月，果期 8~9 月。

产宁夏六盘山，生于林缘或灌丛中。分布于安徽、甘肃、河北、黑龙江、河南、湖北、湖南、江苏、江西、吉林、辽宁、内蒙古、陕西、山东、山西、四川、云南、浙江。

（刘冰　拍摄）

（8）缘毛紫菀 *Aster souliei* Franch.

多年生草本。根状茎短。茎直立单一，不分枝。基生叶丛生，莲座状，匙状长椭圆形，全缘，两面被白色分节的平伏长糙毛，边缘具白色长缘毛；茎生叶倒披针，无柄。头状花序单生茎顶；总苞半球形；总苞片 2~3 层，上半部草质，下半部革质，背面无毛，边缘具白色短缘毛；舌状花蓝紫色，花冠筒上部外面被柔毛，管状花黄色，顶端 5 裂，花冠筒外面被柔毛。瘦果卵状椭圆形，褐色，被短柔毛；冠毛 1 层，红褐色，不等长。花期 6~7 月，果期 7~8 月。

产宁夏六盘山，生于海拔 2700m 左右的高山草地及灌丛边。分布于甘肃、四川、云南和西藏。

（9）三脉紫菀 *Aster trinervius* D. Don subsp. *ageratoides* (Turcz.) Grierson

多年生草本。根状茎具多数须根。茎直立单一，被弯曲的短硬毛。叶卵状椭圆形，先端渐尖，边缘疏具圆钝锯齿，齿端具小尖头，有离基三出脉。头状花序在茎顶排列成伞房花序或圆锥状伞房花序；总苞宽钟形；总苞片 3 层，不等长，下半部干膜质，边缘具短缘毛，外层总苞片短，卵状椭圆形，内层长椭圆形，舌状花紫红色或淡红色，管状花黄色。瘦果倒卵状椭圆形，棕褐色，被白色柔毛；冠毛 1 层，糙毛状，红褐色。花期 7~9 月，果期 9~10 月。

产宁夏六盘山、罗山、南华山，生于林中或林缘草地。全国各地普遍分布。

（10）紫菀 *Aster tataricus* L.

多年生草本。根状茎粗短，具多数紫红色的细根。茎直立，单一，基部被紫褐色纤维状残存叶柄。基生叶花期枯萎，叶菱状椭圆形，边缘具不规则的粗锯齿，齿端具小尖头，叶脉羽状，两面被短硬毛。头状花序多数，在茎顶排列成复伞房花序；总苞宽钟形；总苞片2~3层，线形，不等长，草质，边缘膜质；舌状花蓝紫色，管状花黄色。瘦果倒卵状长椭圆形，褐色，疏被白色短毛；冠毛1层，糙毛状，污白色。花期7~8月，果期8~9月。

产宁夏六盘山，生于山谷草地、林缘或河边。分布于安徽、甘肃、贵州、河北、黑龙江、河南、湖北、吉林、辽宁、内蒙古、陕西、山东、山西和四川。

46. 紫菀木属　*Asterothamnus* Novopokr.

中亚紫菀木 *Asterothamnus centraliasiaticus* Novopokr.

亚灌木。基部多分枝，老枝木质化，灰黄色，幼枝细长，灰绿色，具沟棱，被灰白色短绒毛。叶互生，矩圆状线形，下面灰白色，密被蛛丝状棉毛；无柄。头状花序单生枝端或2~3个排列成疏散的伞房花序；总苞宽倒卵形；总苞片3~4层，边缘膜质，背面被短绒毛，外层总苞片较短，卵状披针形，内层线状长椭圆形，上端紫红色；舌状花淡紫红色。瘦果倒披针形；冠毛糙毛状，白色，与管状花花冠等长。花期7~9月，果期8~10月。

产宁夏贺兰山、南华山、西华山及中卫等市（县），生于砾石荒滩或沙质地。分布于内蒙古、甘肃和青海。

47. 飞蓬属　*Erigeron* L.

（1）飞蓬 *Erigeron acer* L.

二年生草本。茎直立，上部具分枝，密被伏柔毛，并混生硬毛。叶倒披针形，基部渐狭并延长成长柄，两面被硬毛。头状花序多数，在茎顶排列成伞房花序或圆锥花序；总苞半球形，总苞片 3 层，线状披针形，先端长渐尖，边缘膜质，背面密被硬毛；边花 2 型，外层舌状，淡红紫色，内层细管状，盘花管状，顶端 5 裂。瘦果长椭圆形，褐色，密被短毛；冠毛 2 层，外层甚短，内层长，糙毛状，淡褐色。花期 7~8 月，果期 8~9 月。

产宁夏贺兰山，生于林缘草地或山坡。分布于甘肃、广东、广西、河北、黑龙江、河南、湖北、湖南、吉林、辽宁、内蒙古、青海、陕西、山西、四川、新疆、西藏和云南。

（2）长茎飞蓬 *Erigeron acris* L. subsp. *politus* (Fr.) H. Lindb.

多年生草本。根状茎短。茎直立，上部具分枝，被柔毛。基生叶莲座状，倒披针形，基部下延成具翅叶柄，全缘，两面被硬毛。头状花序排列成圆锥状伞房花序，花序梗细长；总苞半球形；总苞片 3 层，线形，外层总苞片草质，背面被短腺毛，边缘膜质，内层较长，边缘宽膜质；边花 2 型，外层舌状，淡紫红色，内层细管状，盘花管状，顶端 5 裂。瘦果长椭圆形，褐色；冠毛 2 层，糙毛状，外层甚短，内层长，淡褐色。花期 7~8 月，果期 8~9 月。

产宁夏贺兰山和六盘山，生于林缘草地。分布于甘肃、河北、黑龙江、吉林、内蒙古、青海、陕西、山西、四川、新疆和西藏。

48. 联毛紫菀属 *Symphyotrichum* Nees

短星菊 *Symphyotrichum ciliatum* (Ledeb.) G. L. Nesom

一年生草本。茎直立，多分枝，被柔毛，常带紫红色。叶稍肉质，披针形，基部半抱茎，全缘，两面无毛，边缘具软骨质短缘毛，上部叶渐小。头状花序在枝端排列成聚伞花序；总苞半球形；总苞片3层，先端尖，边缘具缘毛，外层总苞片稍短，倒披针形，草质，下半部边缘宽膜质，内层线状倒披针形；外围雌花短舌状或斜管状，花冠，舌片小，管状花，顶端5裂。瘦果圆柱形，褐色，密被柔毛，冠毛糙毛状，污白色或淡红色。花果期8~9月。

宁夏引黄灌区普遍分布，多生于低洼盐碱地、沟渠旁或沼泽边。分布于甘肃、河北、黑龙江、河南、吉林、辽宁、内蒙古、陕西、山东、新疆和山西。

49. 小甘菊属 *Cancrinia* Kar. et Kir.

毛果小甘菊 *Cancrinia lasiocarpa* C. Winkl.

多年生草本。主根纤细。茎由基部分枝，被白色棉毛。叶披针状卵形，羽状全裂，裂片全缘或浅裂，被白色棉毛；叶柄被棉毛，基部扩大。头状花序单生茎顶；总苞，被棉毛，总苞片约3层，草质，外层线状披针形，顶端尖，几乎膜质边缘，内层线状矩圆形，边缘宽膜质，顶端边缘撕裂状；花冠黄色，顶端5齿裂，具腺点。瘦果，疏生长毛，具5条纵肋，冠毛膜片状，5裂，其中3裂具芒尖。花果期6~9月。

产宁夏银川市，生于山坡、路边。分布于甘肃和西藏。

50. 百花蒿属　*Stilpnolepis* Krasch.

（1）百花蒿 *Stilpnolepis centiflora* (Maxim.) Krasch.

一年生草本。根长圆锥形。茎直立，多分枝，被短柔毛。叶线形，上部全缘，基部具2~3羽状裂片，裂片线形，具1脉，两面密被平伏长柔毛；无柄。头状花序半球形，单生枝顶，7~14个排列成疏散的总状或圆锥状花序；总苞片4~5层，宽倒卵形，膜质，背面疏被长柔毛；花多数，全部为管状花，两性，花冠高脚杯状，被腺体，顶端5裂；雄蕊顶端附片卵形；花柱分枝长。瘦果圆柱形，顶端截形，棕褐色，被腺体。花期7~9月，果期9~10月。

产宁夏中卫、灵武市，生于半固定沙丘或丘间低地上。分布于内蒙古和陕西。

（2）紊蒿 *Stilpnolepis intricata* (Franch.) C. Shih

一生年草本。根圆锥形，具分枝。茎直立，自基部多分枝，紫红色，疏被柔毛。叶羽状分裂，裂片7，其中2对生于叶的基部呈托叶状，先端具3裂片，裂片线形，茎上部的叶5裂、3裂或线形不裂，被棉毛；无叶柄。头状花序多数，在茎顶排列成疏松的伞房花序；总苞杯状半球形，总苞片3~4层，卵形，具明显中肋，边缘宽膜质，外面密被白色长棉毛；小花花冠黄色，顶端裂片狭三角形。瘦果斜倒卵形，具15~20条细沟纹。花果期9~10月。

产宁夏贺兰山及中卫、青铜峡、盐池等市（县），生于山坡及荒漠草地。分布于内蒙古、甘肃、青海和新疆。

51. 短舌菊属 *Brachanthemum* DC.

星毛短舌菊 *Brachanthemum pulvinatum* (Hand.-Mazz.) Shih

半灌木。茎自基部多分枝，老枝褐色；小枝圆柱形，密被星状毛。叶近对生；叶片椭圆形，3~5 羽状或近掌状深裂，裂片线形，两面密被星状毛。上部叶小，3 裂。头状花序单生茎顶；总苞半球形；总苞片 4 层，边缘褐色膜质，先端钝圆，外层卵形，中层椭圆形，内层倒披针形，外面密被星状毛。舌状花黄色，先端具 2~3 小齿。瘦果圆柱形，无毛。花期 7~8 月，果期 9~10 月。

产宁夏海原、同心、青铜峡等县，生于干旱山坡或砾石滩地。分布于内蒙古、甘肃、青海和新疆。

52. 女蒿属 *Hippolytia* Poljakov

贺兰山女蒿 *Hippolytia kaschgarica* (Krasch.) Poljakov

小灌木或半灌木。叶倒卵状矩圆形，不规则羽状深裂，侧裂片长椭圆形，全缘或下侧具 1 小齿，边缘稍反卷，顶裂片先端 3 浅裂，叶片基部渐狭成柄，具腺点，背面密被灰白色平伏短柔毛。头状花序 3~10 个，在枝端排列成束状伞房花序；总苞宽钟形；总苞片 4 层，外面疏被平伏短柔毛，外层卵形，中层椭圆形，内层倒卵状矩圆形；小花漏斗状，全为两性花，花冠外面被腺点，顶端 5 裂，裂片三角形。瘦果倒卵状矩圆形，有腺点。花期 7~8 月，果期 9~10 月。

产宁夏贺兰山，生于向阳干旱山坡。分布于内蒙古、甘肃和新疆。

53. 亚菊属　*Ajania* Poljak.

（1）蓍状亚菊 *Ajania achilleoides* (Turcz.) Poljakov ex Grubov

小半灌木。茎由基部多分枝，基部木质，具纵棱，密被灰色短柔毛或叉状毛。茎下部和中部叶卵形，2 回羽状全裂，小裂片线形，先端钝，两面密被短柔毛；上部叶羽状全裂或不裂。头状花序在茎枝端排列成伞房状；总苞钟形，总苞片 3~4 层，黄色，有光泽，外层卵形，中内层卵形，边缘膜质，淡褐色；雌花花冠细管状，两性花花冠管状，被腺点。瘦果褐色。花果期 8~9 月。

产宁夏贺兰山，生于干旱的砾石山坡。分布于内蒙古、甘肃等。

（2）灌木亚菊 *Ajania fruticulosa* (Ledeb.) Poljak.

小半灌木。根木质，细长。茎灰绿色或灰白色，基部麦秆黄色或淡红色，被白色短柔毛。中部叶轮廓为三角状卵形，2回掌状或掌式羽裂，茎上部和下部的叶 3~5 全裂，两面被顺向贴状的短柔毛。头状花序在茎顶排列成伞房花序；总苞钟形；总苞片 4 层，边缘白色，膜质，外层总苞片卵形，中内层椭圆形；边花雌性，花冠细管状，顶端 3 齿裂，盘花两性，花冠，具腺点，顶端 5 齿裂。瘦果椭圆形。花果期 7~9 月。

产宁夏贺兰山、南华山及盐池、银川等市（县），生于石质山坡及荒漠草原。分布于内蒙古、陕西、甘肃、青海、新疆、西藏等。

（3）铺散亚菊 *Ajania khartensis* (Dunn) Shih

多年生草本。须根系。茎多数，铺散，密被贴伏长柔毛。叶轮廓为圆形、半圆形或宽楔形，2回掌状或几掌状 3~5 全裂，末回裂片椭圆形，茎上部和下部的叶 3 裂，两面密被灰白色贴伏的短柔毛，基部具短柄。头状花序 3~6 个，在茎顶排列成伞房花序；总苞宽钟形，总苞片 4 层，边缘棕褐色宽膜质，背面被短柔毛，外层总苞片披针形，中内层宽披针形；边花雌性，细管状，顶端 3~4 齿裂，盘花两性，管状，顶端 5 齿裂。瘦果椭圆形。花果期 8~9 月。

产宁夏贺兰山，生于干旱山坡及砾石滩地。分布于内蒙古、甘肃、青海、四川、云南、西藏等。

（4）丝裂亚菊 *Ajania nematoloba* (Hand.-Mazz.) Ling et Shih

小半灌木。茎枝无毛或几无毛或幼时被微柔毛。中下部茎叶宽卵形、楔形或扁圆形，二回三出（少有五出）掌状或掌式羽状分裂。一二回全部全裂。上部叶 3~5 全裂，但通常 4 全裂。或全部叶羽状全裂。末回裂片细裂如丝。头状花序小，多数在枝端排成疏松的伞房花序。总苞钟状，总苞片 4 层，外层卵形，中内层宽倒卵形。全部苞片麦秆黄色，有光泽。瘦果。花果期 9~10 月。

产宁夏中卫市和海原县，生于干旱山坡。分布于甘肃和青海。

（5）细裂亚菊 *Ajania przewalskii* Poljak.

多年生草本，有短的地下匍茎。茎直立，不分枝，红紫色，被白色短柔毛。叶轮廓宽卵形，2 回羽状分裂，1~2 回全部全裂，1 回裂片 2~4 对，排列较紧密，末回裂片线状披针形，下面灰白色，密被短柔毛。头状花序在茎顶排列成复伞房花序、圆锥状伞房花序或伞房花序；总苞钟形；总苞片 4 层，边缘褐色膜质，外层卵形，中内层椭圆形。边花雌性，花冠细管状，顶端 3 裂，盘花两性，花冠细管状，外面具腺点。瘦果。花期 8 月，果期 9 月。

产宁夏六盘山，生于山坡林缘。分布于甘肃、青海、四川和内蒙古。

（6）分枝亚菊 *Ajania ramosa* (Chang) Shih

灌木。老枝浅褐色。花枝中部叶全形椭圆形、倒披针形或倒长卵形。羽状深裂。裂片3~4对，长椭圆形、披针形、镰刀形。向上及向下的叶渐小。全部叶有柄，两面异色，上面绿色，暗绿色，无毛，下面白色或灰白色，被密厚绢毛。无叶耳。头状花序中等数量，在枝端排成复伞房花序。总苞钟状。总苞片4层，外层卵形、三角状卵形，中外层卵状长圆形或倒披针形。全部苞片边缘黄褐色，顶端圆，外面被稀疏短绢毛。瘦果。花果期8~9月。

产宁夏海原天都山和固原须弥山，生于干旱山坡。分布于湖北、陕西、四川和西藏。

（7）柳叶亚菊 *Ajania salicifolia* (Mattf.) Poljak.

小半灌木。老枝黑褐色，从枝端莲座状叶丛中发出更新短枝或长花枝，花枝紫红色，被白色绒毛，上部及花序枝上的毛较密。叶线形，全缘，先端渐尖，基部渐狭，上面绿色，背面白色，密被厚毡毛。头状花序多数在茎顶排列成密集的伞房花序；总苞钟形，总苞片4层，边缘棕褐色膜质，外层总苞片卵形，中内层卵形，仅外层背面被稀疏绢毛；边花雌性，6~7朵，花冠细管状，顶端3齿裂，盘花两性。瘦果椭圆形，具脉纹。花果期6~9月。

产宁夏六盘山，生于海拔2250m左右的干旱山坡或石质河滩地。分布于陕西、甘肃、青海和四川。

（8）细叶亚菊 *Ajania tenuifolia* (Jacq.) Tzvel.

多年生草本。根状茎短。茎被短柔毛。叶轮廓半圆形或三角状卵形，通常宽大于长，2回羽状分裂，1回裂片2~3对，末回裂片长椭圆形，顶端钝，上面淡绿色，被稀疏长柔毛，下面灰白色，密被顺向贴伏长柔毛。头状花序少数，在茎顶排列成伞房花序；总苞钟形，总苞片4层，顶端钝，边缘透明膜质，内缘棕褐色，外层总苞片披针形，中内层椭圆形，无毛；边花雌性，花冠管状，顶端2~3齿裂，盘花两性，花冠管状，顶端5裂。花期7~8月。

产宁夏六盘山及南华山，生于向阳山坡。分布于甘肃、青海、四川、西藏等。

（9）女蒿 *Ajania trifida* (Turcz.) Muldashev

小半灌木。叶灰绿色，楔形或匙形，3裂；裂片短线形或线状矩圆形，有时裂片中上部具1~2个小裂片或齿，两面密被白色绢毛；最上部叶线状倒披针形，全缘。头状花序钟形，4~8个在茎顶排列成伞房状；总苞片疏被长柔毛与腺点；花全部两性，黄色。瘦果圆柱形，黄褐色，无毛。花果期7~9月。

产宁夏石嘴山、盐池、同心等市（县），生于干旱山坡、荒漠草原。分布于内蒙古。

54. 菊属 *Chrysanthemum* L.

（1）小红菊 *Chrysanthemum chanetii* H. Léveillé

多年生草本。根状茎横走。茎直立或基部弯曲，疏被柔毛。基生叶和茎下部叶宽卵形，3~5掌状或羽裂，边缘具齿，两面被柔毛和腺点；叶柄，具狭翅；上部叶小。头状花序，在茎顶排列成疏的伞房状；总苞浅杯状，被白色长柔毛；总苞片4~5层，外层线形，仅先端具膜质，中、内层渐短，边缘膜质。舌状花粉红色、紫红色或白色，先端具2~3小齿；管状花长。瘦果倒卵形，先端截形，具纵肋。花果期8~10月。

产宁夏六盘山、贺兰山、南华山及同心等县，生于林缘、灌丛、山坡草地。分布于河北、黑龙江、吉林、辽宁、内蒙古、陕西、山东、山西和台湾。

（2）菊花 *Chrysanthemum* × *morifolium* Ramat.

多年生草本。根状茎木质化。茎直立，基部木质化，多分枝。叶卵形，边缘有粗大锯齿或缺刻，基部楔形；具柄。头状花序大，单生枝顶或少数集生于枝顶；外层总苞片线形，叶质，边缘膜质；舌状花颜色随品种而有多种，管状花黄色。瘦果不发育。花期9~10月。

宁夏部分市县有栽培，原产我国及日本。

（3）甘菊 *Chrysanthemum lavandulifolium* (Fisch. ex Trautv.) Makino

多年生草本。具细长横走的根状茎，节上具宽三角状卵形的鳞片。茎直立，分枝，带暗紫色，疏被柔毛。叶互生，卵形，羽状全裂，裂片 2~3 对，裂片长椭圆形，裂片再羽状浅裂或深裂，下面密被柔毛；叶柄，密被短柔毛。头状花序多数，排列成复伞房花序；总苞碟形，总苞片约 5 层，外层线形，中内层卵形，顶端圆形，边缘宽膜质，浅褐色。舌状花黄色，舌片椭圆形，顶端圆钝，管状花黄色。瘦果，无冠状冠毛。花期 8~9 月，果期 9~10 月。

产宁夏六盘山、南华山、罗山、云雾山、炭山及麻黄山，生于山坡、荒地及河谷。分布于西北、华北、东北及山东、江苏、浙江、湖北、四川、云南等。

（4）紫花野菊 *Chrysanthemum zawadskii* Herbich

多年生草本。根状茎细长，横走。茎直立被短柔毛。叶互生，卵形，羽状深裂，裂片椭圆形，边缘羽裂或具齿牙，齿端具细尖头；叶柄，扁平。头状花序单生或 2~5 个排列成疏松伞房花序，总苞浅碟状，总苞片 4 层，外层线形，顶端膜质扩展，呈圆形，中内层椭圆形，上部边缘及顶端宽膜质，外层被浅棕色柔毛，中内层疏被柔毛或几无毛；舌状花紫红色，倒披针形，中央盘花黄色，管状。瘦果，具 5~8 条不明显纵肋。花期 7~8 月，果期 9~10 月。

产宁夏贺兰山、罗山、六盘山、月亮山和南华山，生于草地或林下。分布于安徽、甘肃、河北、黑龙江、湖北、吉林、辽宁、内蒙古、陕西、山东、山西。

55. 栉叶蒿属 *Neopallasia* Poljak.

栉叶蒿 *Neopallasia pectinata* (Pall.) Poljakov

一年生或二年生草本。茎直立带淡紫色，被白色绢毛。叶长椭圆形，1~2 回栉齿状羽状分裂，小裂片刺芒状，质稍硬，无毛。头状花序单生或数个集于叶腋，再在茎上组成紧密的穗状花序或狭圆锥状花序；总苞片 3~4 层，椭圆状卵形，边缘宽膜质，无毛；边缘雌花 2~4 朵，花冠狭管状，能育；盘花两性，9~16 朵，花冠管状钟形，下部的能育，上部的不育。瘦果椭圆形，黑色，排列在圆锥状花序托的下部成 1 圈。花果期 7~9 月。

宁夏各地均为分布，生于山坡、砾石滩地、沙质地或沟渠坝上。分布于甘肃、河北、黑龙江、吉林、辽宁、内蒙古、青海、山西、四川、新疆、西藏。

56. 蒿属 *Artemisia* L.

（1）莳萝蒿 *Artemisia anethoides* Mattf.

一年生或二年生草本。主根垂直。茎直立，多分枝，被灰白色短柔毛。基生叶和茎下部叶长卵形，4~3 回羽状全裂，小裂片狭线形，两面密被白色柔毛，叶柄长；茎中部叶片宽卵形，3~2 回羽状全裂，小裂片细线形，基部裂片半抱茎。头状花序近球形，复总状花序、穗状总状花序或圆锥花序；总苞片 3~4 层，外、中层椭圆形，背面密被白色短柔毛，中肋绿色，内层长卵形；边花雌性，花冠狭管状，黄色；盘花两性，花冠管状。瘦果倒卵形。花果期 7~9 月。

产宁夏贺兰山、香山及中卫、青铜峡、银川等市（县），生于山坡、荒地、沙质地、路边。分布于甘肃、河北、黑龙江、河南、吉林、辽宁、内蒙古、青海、陕西、山东、山西、四川、新疆。

（2）碱蒿 *Artemisia anethifolia* **Web. ex Stechm.**

一年生或二年生草本。主根垂直。茎多分枝。基生叶椭圆形，3~2 回羽状全裂，小裂片狭线形，两面密被短柔毛，具长柄；茎中部叶卵形，2 回羽状全裂，小裂片狭线形；茎上部叶与苞叶无柄。头状花序半球形，穗状总状花序或圆锥花序；总苞片 3~4 层，外、中层椭圆形，背面被灰白色蛛丝状毛，内层卵形，边缘宽膜质，无毛。边花雌性，花冠狭管状，黄色，盘花两性，花冠管状，顶端 5 齿裂。瘦果椭圆状倒卵形。花果期 7~9 月。

产宁夏贺兰山及银川、平罗、同心、海原等市（县），生于沙质地、荒地、路边。分布于甘肃、河北、黑龙江、内蒙古、青海、陕西、山西和新疆。

（3）黄花蒿 *Artemisia annua* **L.**

一年生草本，高大。根单一。茎直立，多分枝，无毛。茎下部叶片宽卵形，4~3 回栉齿状羽状深裂，裂片具栉齿状三角形裂齿，叶轴两侧具狭翅，叶柄基部具半抱茎的小托叶；茎中部叶 3~2 回栉齿状羽状深裂；茎上部叶与苞叶 2~1 回栉齿状羽状深裂。头状花序球形，总状、复总状花序或圆锥花序；总苞片 3~4 层，近等长，外层总苞片卵形，中、内层宽卵形；边花雌性，花冠狭管状，黄色，外面被腺点，盘花两性，花冠管状。瘦果长椭圆形。花果期 8~10 月。

宁夏全区普遍分布，生于林缘、沟边、路旁、田边及村庄附近。遍布全国。

（4）艾蒿 *Artemisia argyi* Lévl. et Van.

多年生草本。主根垂直，茎直立褐色，被灰白色蛛丝状毛。茎下部叶近圆形，羽状深裂，裂片椭圆形，表面被灰白色短柔毛，具小腺点，背面密被蛛丝状毛；茎中部叶三角状卵形，羽状深裂，裂片卵状披针形，叶基渐狭成短柄。头状花序椭圆形，排列穗状花序、复穗状花序或圆锥花序；总苞片3~4层，外层总苞片小，卵形，背面密被灰白色蛛丝状毛，中层长卵形；边花雌性，花冠狭管状，紫色，盘花两性，花冠管状，顶端紫色。瘦果长卵状椭圆形。

产宁夏六盘山及引黄灌区各市（县），生于草地、路边、荒地、田边。分布于东北、华北及山东、河南、安徽、湖北、湖南、江苏、浙江、江西、福建、广东、广西、陕西、甘肃、青海等。

（5）白莎蒿（糜蒿）*Artemisia blepharolepis* Bge.

一年生草本。有臭味。茎直立，从基部开始有密集的细长分枝，呈帚状，密被白色短柔毛。中下部叶长椭圆形，2 回羽状全裂，侧裂片倒卵形，小裂片卵形，边缘常反卷，两面或下面密被白色短柔毛。上部叶小，羽状全裂；叶柄基部有羽状分裂的假托叶。头状花序下垂，排成圆锥状，具细长梗与线形苞叶；总苞筒状钟形，总苞片 4~5 层，被白色柔毛；雌花能育，两性花不育。瘦果淡褐色，无毛。花果期 8~10 月。

产宁夏盐池、灵武等市（县），生于河岸沙滩、沙丘、山坡。分布于内蒙古、陕西等。

（6）山蒿 *Artemisia brachyloba* Franch.

半灌木。根粗壮木质。茎丛生，被灰白色短柔毛。基生叶卵形，3~2 回羽状全裂，背面被白色短柔毛，具长柄；茎下部叶及中部叶宽卵形，2 回羽状全裂，小裂片狭线形；茎上部叶羽状全裂。头状花序球形，排成总状花序、穗状花序或圆锥花序；总苞片 3 层，外层总苞片卵形，背面被灰白色短绒毛，中、内层总苞片长椭圆形，背面无毛；边花雌性，花冠狭管状，外面具腺点，盘花两性，黄色，花冠管状，外面具腺点。瘦果倒卵状长椭圆形。花果期 8~10 月。

产宁夏盐池及石嘴山等市（县），生于干旱山坡及砾石滩地。分布于甘肃、河北、辽宁、内蒙古、陕西和山西。

（刘冰　拍摄）

（7）龙蒿（狭叶青蒿）*Artemisia dracunculus* L.

多年生草本。根粗大，垂直。茎直立，丛生，微被短柔毛。茎下部叶花期凋落；茎中部叶线状披针形，先端渐尖，基部渐狭，全缘，两面被短柔毛；茎上部叶及苞叶略短小。头状花序球形，排成复总状花序，或圆锥花序；总苞片 3 层，近等长，外层略狭小，卵形，背面绿色，无毛，中、内层圆卵形；边花雌性，花冠狭管状，顶端 2 齿裂，盘花两性，花冠管状，不育。瘦果倒卵状椭圆形。花果期 8~10 月。

产宁夏贺兰山，生于山坡草地、路边。分布于甘肃、黑龙江、吉林、辽宁、内蒙古、青海、陕西、山西、新疆和西藏。

（8）沙蒿（漠蒿）*Artemisia desertorum* Spreng.

多年生草本。主根圆锥形。茎直立，上部分枝，具纵棱。茎下部叶长圆形，2 回羽状全裂或深裂，小裂片线形，背面被灰黄色长柔毛；茎中部叶稍小，长卵形，2~1 回羽状深裂；茎上部叶 5~3 深裂，无柄；苞叶线状披针形。头状花序卵球形，排成总状花序、复总状花序或圆锥花序；总苞片 3~4 层，外层总苞片略小，外、中层卵形，内层长卵形，无毛；边花雌性，花冠狭圆锥状，顶端 2 齿裂，盘花两性，花冠管状，不育。瘦果长椭圆形。花果期 8~10 月。

产宁夏贺兰山、六盘山及罗山，生于林缘草地或砾石河滩地。分布于甘肃、贵州、河北、黑龙江、吉林、辽宁、内蒙古、青海、陕西、山西、四川、新疆、西藏和云南。

（9）无毛牛尾蒿 *Artemisia dubia* Wall. ex Bess. var. *subdigitata* (Mattf.) Y.R.Ling

多年生草本。主根粗壮，木质。茎直立，多分枝，暗紫褐色。基生叶与茎下部叶卵形，羽状5深裂，两面无毛，无柄；茎中部叶卵形，羽状5深裂，裂片椭圆状披针形，先端尖，全缘；茎上部叶片与苞叶3椭圆状披针形。头状花序卵球形，排成穗状花序、复总状花序或圆锥花序；总苞片3~4层，外层稍短小，外、中层卵形，背面无毛，具绿色中肋，内层半膜质；边花雌性，花冠短狭管状，盘花两性，花冠管状，不育。瘦果小，卵状椭圆形。花果期7~9月。

产宁夏六盘山及隆德等县，生于林缘草地或河边。分布于甘肃、广西、贵州、河北、河南、湖北、内蒙古、青海、陕西、山东、山西、四川、西藏和云南。

（10）南牡蒿 *Artemisia eriopoda* Bge.

多年生草本。茎直立，紫红色，基部被长柔毛，中上部无毛。基生叶和茎下部叶圆形，羽裂，裂片宽倒卵形，先端掌状分裂；茎中部叶椭圆形，羽状全裂，裂片线状披针形，具1~3裂齿，两面无毛；上部叶披针形。头状花序多数，排成圆锥状；总苞卵形；总苞片3~4层，无毛，有光泽；花黄色，雌花管状锥形，两性花管状钟形。瘦果褐色。花果期7~10月。

产宁夏贺兰山，生山地灌丛或疏林地。分布于安徽、甘肃、河北、河南、湖北、湖南、江苏、辽宁、内蒙古、陕西、山东、山西、四川和云南。

（11）冷蒿（小白蒿）*Artemisia frigida* Willd.

多年生草本。主根粗短，具多数较细的长侧根。茎斜升，丛生，有营养枝，密被灰棕色短绒毛。茎下部叶椭圆形，2~3回羽状全裂，小裂片线状披针形；茎中部叶片长圆形，2~1回羽状全裂，小裂片长线状披针形；茎上部叶与苞叶羽状全裂。头状花序半球形，总状花序或总状圆锥花序；总苞片3~4层，外、中层总苞片卵形，背面密被短绒毛，中肋绿色，内层长卵形；边花雌性，花冠狭管状，盘花两性，能育，花冠管状，黄色。瘦果长圆形。花果期7~10月。

产宁夏贺兰山、罗山、香山及盐池、海原等县，生于向阳山坡、砾石滩地及干河床。分布于甘肃、河北、黑龙江、湖北、吉林、辽宁、内蒙古、青海、陕西、新疆和西藏。

（12）细裂叶莲蒿 *Artemisia gmelinii* Web. ex Stechm.

多年生草本。茎直立，基部木质，暗紫红色。茎中部叶卵形，2回羽状全缘，侧裂片长椭圆形，小裂片全缘或有锯齿，羽轴有栉齿状小裂片，疏被毛或无毛，有腺点。头状花序球形，下垂，多数在茎枝上排列成狭窄或稍开展的圆锥状；总苞片3层，外层卵状矩圆形，内层宽椭圆形，边缘宽膜质，近无毛；雌花狭管状，两性花管状，具腺毛。瘦果卵状矩圆形。花果期8~10月。

产宁夏南华山，生于向阳干旱山坡或山麓草地。分布于东北、华北和西北各地。

（13）甘肃蒿 *Artemisia gansuensis* Ling et Y. R. Ling

多年生草本。主根粗壮，木质。茎丛生，黄褐色。叶小，基生叶及茎下部叶宽卵形，2 回羽状全裂，小裂片细线形，先端具小尖头；茎中部叶宽椭圆形，羽状全裂，小裂片狭线形；茎上部叶与苞叶 5 或 3 全裂。头状花序小，卵形，排成穗状花序、狭总状花序或圆锥花序，总苞片 3 层，外、中层卵形，无毛，边缘宽膜质，内层半膜质，边花雌性，花冠狭圆锥状，顶端 2 齿裂，盘花两性，4~8 朵，花冠管状。瘦果小，长倒卵形。花果期 8~10 月。

产宁夏盐池、西吉、海原等县，生于干旱山坡。分布于甘肃、河北、内蒙古、青海、陕西和山西。

（14）华北米蒿 *Artemisia giraldii* Pamp.

多年生草本。主根长圆锥形，木质。茎直立，暗紫褐色。茎下部叶卵形，指状 3 深裂，裂片披针形，表面被短柔毛，背面密被灰白色蛛丝状柔毛；茎中部叶椭圆形，指状 3 深裂，裂片线形，先端尖，边缘反卷。头状花序宽卵形，排成总状花序、复总状花序或圆锥花序；总苞片 2~3 层，外、中层卵形，背面无毛，内层椭圆形；边花雌性，花冠狭圆锥形，顶端 2 齿裂，盘花两性，花冠管状，黄色或紫红色，不育。瘦果倒卵状椭圆形。花果期 8~10 月。

产宁夏贺兰山及同心、中卫、海原等市（县），生于干旱山坡。分布于甘肃、河北、内蒙古、陕西、山西和四川。

（15）臭蒿 *Artemisia hedinii* Ostenf. et Pauls.

一年生草本。全株有臭味。茎直立，单生。茎下部和中部叶长圆形，2回羽状全裂，侧裂片线状披针形，小裂片钻形，上面无毛，下面被微毛；上部叶渐小，1回羽状深裂。头状花序多数密集于腋生的花序枝上，排列成总状或复总状；总苞半球形，总苞片2~3层，无毛，边缘宽膜质，深褐色或黑色；花序托裸露；花红紫色，雌花细管状，有腺体，先端2齿裂，两性花管状钟形，有腺体。果实褐色。花果期7~10月。

产宁夏贺兰山，生于山谷、河边、路旁。分布于内蒙古、甘肃、青海、四川、新疆、云南、西藏等。

（16）盐蒿（差不嘎蒿）*Artemisia halodendron* Turcz. ex Bess.

半灌木。主根木质，垂直。茎直立自基部分枝，灰黄色，无毛。叶在短枝上密集成丛生状；茎下部叶与营养枝上的叶2回羽状全裂，小裂片狭线形，先端具小硬尖头，边缘反卷；茎中部叶2~1回羽状全裂，小裂片狭线形。头状花序卵球形，排成复总状花序或圆锥花序；总苞片3~4层，外层较小，卵形，背面黄绿色，无毛，中层椭圆形，无毛，内层长椭圆形；边花雌性，花冠狭圆锥状，黄色，盘花两性，花冠管状，不育。瘦果倒卵状长椭圆形。花果期8~10月。

产宁夏中卫市，生于流动、半固定或固定沙丘上。分布于甘肃、河北、黑龙江、吉林、辽宁、内蒙古、陕西、山西和新疆。

（李德禄　拍摄）

（17）狭裂白蒿 *Artemisia kanashiroi* Kitam.

多年生草本。主根圆锥状。茎直立，灰棕色，密被灰白色蛛丝状毛。基生叶及茎下部叶近圆形，2~1 回羽状分裂，裂片椭圆形，小裂片狭线形，上面被灰白色短柔毛及腺点，背面密灰白色蛛丝状绒毛，茎中部叶近圆形，1 回羽状全裂，裂片线形；茎上部叶 5~3 全裂。头状花序长圆形，总苞片 3~4 层，外层总苞片，外、中层总苞片卵形，背面密被灰白色蛛丝状绒毛，内层长卵形；边花雌性，花冠狭管状，盘花两性，花冠管状，紫色。瘦果长椭圆形。花果期 8~10 月。

产宁夏固原市原州区及海原等市（县），生于山坡、山谷、路边。分布于河北、山西、陕西、甘肃、青海等。

（18）宽叶蒿 *Artemisia latifolia* Ledeb.

多年生草本。茎直立，疏被灰色短柔毛。基生叶和茎下部叶长圆形，2 回羽状分裂，小裂片斜三角形，叶羽轴上疏具栉齿状小裂片，两面疏被长柔毛和腺点；上部叶渐小，具短柄或无柄。头状花序下垂，在茎枝上排列成狭窄的圆锥状，具线形苞叶；总苞片 3~4 层，无毛，有光泽，外层卵形，先端钝，边缘狭膜质，中层和内层宽椭圆形，边缘宽膜质；花黄色。瘦果褐色，光滑。花果期 8~9 月。

产宁夏南华山，生于路边、林缘。分布于甘肃、黑龙江、吉林、辽宁和内蒙古。

（刘冰　拍摄）

（19）野艾蒿 *Artemisia lavandulifolia* **Candolle**

多年生草本。主根明显。茎丛生，被灰白色蛛丝状短毛。基生叶与茎下部叶宽卵形，2回羽状分裂，表面被蛛丝状毛，具小凹点，背面被灰白色蛛丝状棉毛；茎中部叶卵形，2回羽状全裂，裂片椭圆形。头状花序椭圆形，排成密穗状、复穗状花序或圆锥花序；总苞片3~4层，外层总苞片卵形，背面被蛛丝状毛，中层长卵形，背面被丝状毛，内层长圆形；边花雌性，花冠狭管状，紫红色，顶端2齿裂，盘花两性，花冠管状。瘦果长椭圆形。花期8~10月。

产宁夏引黄灌区，生于路旁、田边、草地。分布于东北、华北及陕西、甘肃、山东、安徽、河南、江西、湖北、湖南、广西、四川、贵州、云南等。

（20）白叶蒿 *Artemisia leucophylla* **(Turcz. ex Bess.) C. B. Clarke**

多年生草本。主根长圆锥形。茎直立，单一。茎下部叶椭圆形，2~1回羽状深裂或全裂，上面被蛛丝状绒毛及稀疏白色腺点，背面密被灰白色蛛丝状绒毛；茎中部叶与上部叶羽状全裂，裂片线状披针形。头状花序宽卵形，排成穗状花序或圆锥花序；总苞片3~4层，外层总苞片卵形，背面被蛛丝状毛，中层椭圆形，背面微被蛛丝状毛，内层倒卵形，近无毛；边花雌性，花冠狭管状，盘花两性，花冠管状，上部红褐色。瘦果倒卵状长椭圆形。花果期7~9月。

产宁夏贺兰山及引黄灌区各市（县），生于山坡草地、路边、荒地及田埂边。分布于甘肃、贵州、河北、黑龙江、吉林、辽宁、内蒙古、青海、陕西、山西、四川、新疆、西藏和云南。

（21）蒙古蒿 *Artemisia mongolica* **(Fisch. ex Bess.) Nakai**

多年生草本。具多数棕褐色侧根。茎直立，被灰白色蛛丝状柔毛。茎下部叶卵形，2回羽状全裂或深裂，裂片椭圆形，背面密被灰白色蛛丝状绒毛；茎中部叶卵形，2回羽状全裂，小裂片披针形；茎上部叶与苞叶卵形，羽状全裂。头状花序椭圆形，排成穗状花序或圆锥花序；总苞片3~4层，外层总苞片卵形，背面密被灰白色蛛丝状毛，内层椭圆形；边花雌性，花冠狭管状，盘花两性，花冠管状，紫红色，外面具腺点。瘦果长椭圆形。花果期8~10月。

宁夏全区广泛分布，生于山坡草地、河边、路旁、田边。分布于东北、华北、西北及山东、安徽、江西、福建、河南、湖北、四川、贵州等。

（22）小球花蒿 *Artemisia moorcroftiana* **Wall. ex DC.**

半灌木状草本。茎少数或单生，高50~70cm，紫红色或褐色，纵棱明显。叶纸质，绿色，叶面微被绒毛，背面密被灰白色或灰黄色短绒毛；茎下部叶长圆形、卵形或椭圆形，二（至三）回羽状全裂或深裂，第一回全裂，每侧具裂片（4~）5~6枚，裂片卵形或长卵形，再次羽状深裂，小裂片披针形或线状披针形，先端锐尖，边缘稍反卷，有时有浅裂齿，中轴具狭翅，偶有浅裂齿，叶柄基部有小型假托叶；中部叶卵形或椭圆形，二回羽状分裂，第一回近全裂或深裂，每侧有裂片（4~）5~6枚，第二回为深裂或为浅裂齿，无柄或近无柄；上部叶羽状全裂或3~5全裂，裂片椭圆形、披针形或线状披针形，偶有浅裂齿；苞片叶3全裂或不分裂，而为线状披针形。头状花序稍多数，球形或半球形，在茎端或短的分枝上密集排成穗状花序；总苞片3~4层。瘦果小，长卵形或长圆状倒卵形。花果期7~10月。

产宁夏六盘山，生于山坡、砾质坡地和高山草甸。分布于甘肃、青海、四川、云南和西藏等。

（23）黑沙蒿 *Artemisia ordosica* Krasch.

半灌木。主根长圆锥形，木质。茎直立，丛生，老枝灰白色，幼枝淡紫红色。叶黄绿色，半肉质，无毛，茎下部叶2回羽状全裂，小裂片狭线形；茎中部叶卵形，1回羽状全裂，裂片狭线形；茎上部叶5~3全裂。头状花序卵形，排成总状花序、复总状花序或圆锥花序；总苞片3~4层，外、中层总苞片卵形，背面黄绿色，无毛，边缘膜质，内层长卵形；边花雌性，花冠狭圆锥状，顶端2齿裂，盘花两性，花冠管状，不育。瘦果倒卵状长椭圆形。花果期8~10月。

产宁夏银川、盐池、青铜峡、灵武等市（县），生于沙质地或固定、半固定沙丘上。分布于我国华北及陕西、甘肃、新疆等。

（24）褐苞蒿 *Artemisia phaeolepis* Krasch.

多年生草本。主根稍粗壮，垂直。茎直立。基生叶与茎下部叶片椭圆形，3~2 回栉齿状羽状分裂；茎中部叶片椭圆形，2 回栉齿状羽状分裂，叶柄基部具小假托叶；茎上部叶无柄，叶片 2~1 回栉齿状羽状分裂；苞叶披针形。头状花序半球形，总状花序或狭圆锥花序；总苞片 3~4 层，近等长，外层总苞片长卵形，褐色，边缘膜质，中、内层长倒卵形，边缘褐色；边花雌性，花冠狭管状，盘花两性，花冠管状，外面具腺点。瘦果倒卵状长圆形。花果期 7~9 月。

产宁夏海原、西吉、固原市原州区，生于山坡草地。分布于山西、内蒙古、甘肃、青海、新疆及西藏等。

（25）柔毛蒿 *Artemisia pubescens* Ledeb.

多年生草本。茎直立，黄褐色，中部以上有分枝，疏被柔毛或无毛。基生叶和茎下部叶卵形，2 回羽状全裂，小裂片狭线形，边缘反卷，幼时被白色柔毛，后渐无毛；中部叶叶柄短，基部变宽，具 1~2 对抱茎的小裂片，叶片卵形，2 回羽状全裂，裂片丝状线形；上部叶通常 3~5 全裂或不裂，基部抱茎。头状花序多数，排成圆锥状；总苞卵形，总苞片 3~4 层，无毛；花黄色，雌花细管状，结实，两性花管状钟形，不育。瘦果暗褐色，无毛。花果期 8~10 月。

产宁夏盐池、灵武、青铜峡、中卫等市（县），生于荒地、草地。分布于甘肃、黑龙江、吉林、辽宁、内蒙古、青海、陕西、山西、四川和新疆。

（刘冰 拍摄）

（26）大籽蒿 *Artemisia sieversiana* **Ehrhart ex Willd.**

一年生或二年生草本。主根单一。茎直立，单一，具纵棱，被灰白色微柔毛。叶片宽卵形，3~2 回羽状全裂，每侧裂片再成不规则羽裂，小裂片线形，两面被微柔毛；叶柄基部具小的羽状分裂的假托叶。头状花序大，半球形，总状花序、复总状花序或圆锥花序；总苞片 3~4 层，近等长，外、中层总苞片长卵形，中肋绿色，边缘狭膜质，内层长椭圆形，膜质；边花雌性，2 层，花冠狭圆锥形，黄色，盘花两性，花冠管状。瘦果长圆形。花果期7~9 月。

产宁夏贺兰山、六盘山及南华山，生于河谷、山坡。分布于甘肃、贵州、河北、黑龙江、吉林、辽宁、内蒙古、青海、陕西、山西、四川、新疆、西藏和云南。

（27）猪毛蒿 *Artemisia scoparia* **Waldst. et Kit.**

一年生或二年生草本。主根长圆锥形。茎直立，单一，红褐色，被灰黄色绢质柔毛。基生叶近圆形，3~2 回羽状全裂，两面被灰白色绢质柔毛；茎下部叶长卵形，3~2 回羽状全裂，小裂片狭线形；茎中部叶长圆形，2~1 回羽状全裂，小裂片细线形。头状花序近球形，排成复总状花序或圆锥花序；总苞片 2~3 层，外层卵形，无毛，中、内层长卵形；边花雌性，花冠狭圆锥形，盘花两性，花冠管状，不育。瘦果倒卵状长椭圆形。花果期 7~10 月。

宁夏全区广泛分布，生于沙地、河边、路旁。除我国东部及东南沿海地区之外，分布几遍全国。

（28）蒌蒿 *Artemisia selengensis* **Turcz. ex Bess.**

多年生草本。茎少数或单；叶纸质或薄纸质，上面绿色，无毛或近无毛，背面密被灰白色蛛丝状平贴的棉毛；茎下部叶宽卵形或卵形，近成掌状或指状，5 或 3 全裂或深裂；中部叶近成掌状，5 深裂或为指状 3 深裂，分裂叶之裂片长椭圆形、椭圆状披针形或线状披针形，先端通常锐尖，叶缘或裂片边缘有锯齿；上部叶与苞片叶指状 3 深裂，2 裂或不分裂，裂片或不分裂的苞片叶为线状披针形，边缘具疏锯齿。头状花序多数，排成密穗状花序，并在茎上组成狭而伸长的圆锥花序；总苞片 3~4 层，雌花 8~12 朵。瘦果卵形。花果期 7~10 月。

宁夏固原地区有栽培。分布于安徽、甘肃、广东、贵州、河北、黑龙江、河南、湖北、湖南、江苏、江西、吉林，辽宁、内蒙古、陕西、山东、山西、四川和云南。

（29）圆头蒿（白沙蒿）*Artemisia sphaerocephala* **Krasch.**

半灌木。主根粗壮而深长。茎直立，老枝灰白色，幼枝淡黄色，无毛。叶在短枝上密集成簇生状；茎中部叶宽卵形，2 回羽状全裂，小裂片线形，先端具小硬尖头，叶基部下延半抱茎，常有线形假托叶；茎上部叶羽状分裂或 3 全裂；苞叶线形，不分裂。头状花序球形，排成总状花序、复总状花序或圆锥花序；总苞片 3~4 层，外层卵状披针形，无毛，中、内层卵圆形；边花雌性，花冠狭管状，盘花两性，花冠管状，不育。瘦果卵状椭圆形。花果期 8~10 月。

产宁夏中卫、同心、灵武、盐池、平罗等市（县），生于流动、半固定沙丘上。分布于山西、内蒙古、陕西、青海、甘肃等。

（30）白莲蒿 *Artemisia stechmanniana* Bess.

多年生草本。根粗壮、木质。茎直立，丛生，褐色，下部常木质。茎下部叶与中部叶片长卵形，3~2 回栉齿状羽状分裂，小裂片披针形，叶轴两侧具栉齿，背面密被灰白色平伏短柔毛，叶柄长基部具小形栉齿状分裂的假托叶。头状花序球形，总状花序或圆锥花序；总苞片 3~4 层，外层总苞片长椭圆形，被灰白色短柔毛，中肋绿色，中、内层倒卵状椭圆形；边花雌性，花冠狭管状，盘花两性，花冠管状，顶端 5 齿裂。瘦果卵状狭椭圆形。花果期 8~9 月。

产宁夏贺兰山、罗山、六盘山及中卫、盐池、西吉、海原等市（县），生于山坡或砾石滩地。分布于东北、华北及山东、江苏、浙江、安徽、江西、福建、河南、湖北、湖南、广东、广西、四川、贵州、云南、陕西、甘肃等。

（31）密毛白莲蒿 *Artemisia stechmanniana* Bess. var. *messerschmidteiana*（Bess.）Y. R. Ling

本变种与正种的主要区别为叶两面密被灰白色绒毛。

分布与生境同种。

（32）裂叶蒿 *Artemisia tanacetifolia* **L.**

多年生草本。茎直立，上部疏被蛛丝状毛。基生叶和茎下部叶长圆形，2 回羽状全裂，小裂片矩圆状披针形，叶轴具疏生栉齿状小裂片，两面疏被短伏毛并密被腺点；上部叶渐小，羽状全裂或不裂。头状花序半球形，下垂，圆锥状；总苞片 3~4 层，无毛，有光泽，外层宽卵形，狭膜质边缘，内层宽椭圆形，淡黄褐色，宽膜质边缘；雌花冠细管状，两性花管状，无毛或被柔毛和腺点。瘦果暗褐色。花果期 7~9 月。

产宁夏贺兰山及海原等县，生于林缘、灌丛、山谷砾石滩地。分布于甘肃、河北、黑龙江、吉林、辽宁、内蒙古、陕西和山西。

（刘冰　拍摄）

（33）辽东蒿 *Artemisia verbenacea* **(Komar.) Kitag.**

多年生草本。主根具多数褐色侧根。茎直立，单一，被蛛丝状短绒毛。茎下部叶卵圆形，2~1 回羽状深裂，背面密被灰白色蛛丝状棉毛；茎中部叶宽卵形，2 回羽状全裂，小裂片长椭圆形，茎上部叶羽状全裂；苞叶 5~3 全裂。头状花序长圆形，排成穗状花序或圆锥花序；总苞片 3~4 层，外层较小，外、中层总苞片卵形，背面密被灰白色蛛丝状棉毛，内层长卵形；边花雌性，花冠狭管状，紫色，盘花两性，花冠管状，紫色。瘦果倒卵状长椭圆形。花果期 8~10 月。

产宁夏贺兰山及引黄灌区各市（县）以及西吉、海原等县，生于山坡、路边、河谷及田边。分布于甘肃、黑龙江、吉林、辽宁、内蒙古、青海、陕西、四川和山西。

（34）内蒙古旱蒿 *Artemisia xerophytica* Krasch.

半灌木。茎多数丛生，当年生枝灰白色，密被绢毛，后变疏。基生叶和茎下部叶 2 回羽状全裂，中部叶卵圆形，2 回羽状全裂，小裂片倒披针形，两面密被灰黄色绢毛，上部叶和苞叶羽状全裂或 3~5 裂。头状花序近球形，在茎枝端排列成圆锥状；总苞片 3~4 层，外层小，狭卵形，背面被黄色短柔毛，边缘膜质，中间具绿色中肋，内层半膜质，无毛；边花雌性，被短毛，中央两性花，紫红色；花序托具白色毛。花果期 8~9 月。

产宁夏贺兰山及平罗等县，生于半固定沙丘，砾石滩地和荒漠草原。分布于内蒙古、陕西、甘肃、青海、新疆等。

（蓝登明　拍摄）

57. 母菊属　*Matricaria* L.

母菊 *Matricaria chamomilla* L.

一年生草本。下部叶矩圆形或倒披针形，二回羽状全裂，无柄，基部稍扩大，裂片条形，顶端具短尖头。上部叶卵形或长卵形。头状花序异型，在茎枝顶端排成伞房状；总苞片2层，苍绿色，顶端钝，边缘白色宽膜质，全缘。舌状花1列，舌片白色，反折；管状花多数，花冠黄色，冠檐5裂。瘦果小，侧扁，略弯，顶端斜截形，背面圆形凸起，腹面及两侧有5条白色细肋，无冠状冠毛。花果期5~7月。

宁夏六盘山有逸生，生于河谷旷野、田边。分布于新疆。

58. 蓍属　*Achillea* L.

（1）高山蓍 *Achillea alpina* L.

多年生草本。根状茎短粗。茎直立疏被细柔毛。叶互生，线形，篦齿状羽状深裂，裂片线形，边缘具不规则的浅裂或锯齿，裂片顶端或齿尖具软骨质小刺尖，两面被长柔毛；无叶柄，基部裂片抱茎。头状花序集成伞房状；总苞宽椭圆形，总苞片3层，卵状椭圆形，草质，边缘膜质，棕色，疏被长柔毛；边缘舌状花6~8朵，舌片白色或粉红色，宽椭圆形，顶端具3小齿，管状花白色，顶端5裂。瘦果宽倒披针形，具翅，无冠毛。花期7月，果期8月。

产宁夏六盘山，生于山坡草地。分布于安徽、甘肃、河北、黑龙江、吉林、辽宁、内蒙古、青海、陕西、山西、四川和云南。

（2）齿叶蓍 *Achillea acuminata* (Ledeb.) Sch.-Bip.

多年生草本。根状茎粗短。茎直立具分枝，疏被短柔毛。叶互生，线状披针形，先端渐尖，基部抱茎，边缘具整齐的细小重锯齿，齿端具软骨质小尖，两面疏被短柔毛。头状花序多数，集成疏散的伞房花序；总苞半球形，总苞片 3 层，卵状矩圆形，边缘膜质，淡黄色，密被长柔毛；边缘舌状花 14 朵，舌片白色，矩圆状宽椭圆形，顶端 3 圆齿，管状花白色，瘦果宽倒披针形，具白色边肋，无冠状冠毛。花期 7 月，果期 8 月。

产宁夏六盘山，生于山坡草地、山谷溪边灌丛或林缘。分布于甘肃、河北、河南、吉林、内蒙古、青海、陕西和山西。

（3）蓍 *Achillea millefolium* L.

多年生草本。茎直立。叶无柄，披针形、矩圆状披针形或近条形，二至三回羽状全裂。头状花序多数，密集成直径 2~6cm 的复伞房状；总苞矩圆形或近卵形；总苞片 3 层，覆瓦状排列，椭圆形至矩圆形，背中间绿色，中脉凸起，边缘膜质，棕色或淡黄色。边花 5 朵；舌片近圆形，白色、粉红色或淡紫红色；盘花两性，管状，黄色。瘦果矩圆形。花果期 7~9 月。

产宁夏六盘山，生于山坡草地或林缘。分布于内蒙古和新疆。

59. 茼蒿属　*Glebionis* Cass.

茼蒿 *Glebionis coronaria* (L.) Cass. ex Spach

一年生草本。茎直立，单生，无毛。叶互生，长椭圆形，2 回羽状分裂，1 回深裂或几全裂，侧裂片 4~7 对，椭圆形，2 回为半裂或深裂，两面被极稀疏的长柔毛；无柄。头状花序单生茎顶，或少数集生于茎顶形成不规则的伞房花序；总苞碟形，总苞片 4 层，外层三角状卵形，边缘膜质，中内层椭圆形，上部边缘及顶端宽膜质，无毛；舌片黄色，长椭圆形，顶端凹。边花瘦果具 3 条狭翅肋和 1~2 条明显的间肋。花期 7 月，果期 8 月。

银川地区有栽培，供观赏。分布于安徽、福建、广东、广西、贵州、海南、河北、湖南、吉林、山东和浙江。

60. 旋覆花属 *Inula* L.

（1）旋覆花 *Inula japonica* Thunb.

多年生草本。根状茎短粗。茎直立，单生。叶互生，中部叶最大，长椭圆形，先端渐尖，基部具圆形小耳，半抱茎，上面疏被平伏柔毛，下面疏被柔毛及腺点。头状花序数个排列成伞房花序；总苞半球形，总苞片约5层，近等长，外层披针形，草质，内层线形，具腺点及短缘毛；边花舌状，黄色，舌片倒披针状线形，先端3齿裂；中央盘花多数，管状，黄色，顶端具5齿。冠毛1层，与管状花等长。瘦果圆柱形，疏被短毛。花期6~9月，果期9~10月。

宁夏普遍分布，生于田边、路旁或沟渠边。分布于安徽、福建、甘肃、广东、广西、河北、黑龙江、河南、湖北、江苏、江西、吉林、辽宁、内蒙古、陕西、山东、山西、四川和浙江。

（2）线叶旋覆花 *Inula linariifolia* Turcz.

多年生草本。茎直立，中部以上分枝，上部被短柔毛混生腺毛。叶线形，先端渐尖，全缘，反卷，上面无毛，下面被长柔毛和腺点。头状花序多数在茎枝端排列成伞房状；总苞半球形；总苞片5层，外层较短，革质，内层干膜质，被短柔毛和腺毛，有缘毛。舌状花，黄色，先端具2~3齿，背面有腺毛；雄蕊和花柱外露。瘦果被短毛；冠毛1层，白色。花期6~9月，果期9~10月。

产宁夏贺兰山及中卫、石嘴山等市，生于山坡草地、路边。分布于安徽、河北、黑龙江、河南、湖北、江苏、江西、吉林、辽宁、陕西、山东、山西和浙江。

（刘冰　拍摄）

（3）蓼子朴（沙旋覆花）*Inula salsoloides* (Turcz.) Ostenf.

多年生草本。根状茎横走，具褐色披针形的膜质鳞片。茎自基部开始多分枝，被短粗毛。叶互生，三角状卵形，半抱茎，全缘，常反卷，下面被腺点及长硬毛。头状花序单生枝端；总苞倒卵形。总苞片 4~5 层，不等长，外层苞片披针形，内层披针状长椭圆形，最内层线形；边缘雌花舌状，舌片线状长椭圆形，淡黄色，顶端具 3 小齿，花柱分枝细长；中央盘花管状。冠毛与管状花等长或稍长。瘦果圆柱形，被腺毛和疏粗毛。花期 6~8 月，果期 8~10 月。

宁夏同心县以北地区普遍分布，生于沙地、荒漠及半荒漠地区、沟渠旁。分布于甘肃、河北、辽宁、内蒙古、青海、陕西、山西和新疆。

61. 天名精属 *Carpesium* L.

（1）天名精 *Carpesium abrotanoides* L.

多年生草本。茎直立，上部多分枝，密生短柔毛。下部叶宽椭圆形，基部渐狭成具翅的柄，边缘具不规则的锯齿，上面被短毛，下面被柔毛和腺点；茎上部叶渐小，矩圆形，无柄。头状花序多数，沿茎枝腋生，具短梗或近无梗；总苞钟状球形；总苞片3层，外层短，卵形，被短柔毛，中层和内层，矩圆形，先端圆钝，无毛；花黄色，雌花花冠丝状，顶端5齿裂，两性花花冠筒状，顶端5齿裂。瘦果线形，顶端具短喙，有腺点。花果期6~9月。

产宁夏六盘山，生于林缘、草地、路边。全国各地均有分布。

（2）烟管头草 *Carpesium cernuum* L.

多年生草本。茎直立，具分枝，被白色长柔毛，上部毛较密。茎下部叶匙状矩圆形，基部渐狭收缩成具翅的叶柄，边缘具不规则的粗齿，两面被长柔毛和腺点；向上叶渐小，叶柄短。头状花序单生于茎和枝的顶端，下垂，有数枚长短不等的苞叶；总苞杯状，总苞片4层，外层叶状，先端密被柔毛，内面3层膜质或革质，无毛，具不整齐的细齿；雌花壶形，檐部5浅裂，两性花花冠管状，檐部5齿。瘦果，具短喙和腺点。花果期8~9月。

产宁夏六盘山，生于林缘、山坡草地或溪边草地。分布于东北、华北、华中、华南各地。

（刘冰 拍摄）

（3）高原天名精（高山金挖耳）*Carpesium lipskyi* Winkl.

多年生草本。根状茎粗短。茎直立，上部分枝，带紫红色，密被长柔毛。基生叶卵状椭圆形，上面被腺点及平伏短毛，背面被腺点及长柔毛；茎生叶互生卵状椭圆形，具小耳，半抱茎；无柄。头状花序单生；总苞盘状，总苞片4层，外层倒披针形，下半部干膜质，背部被长柔毛，内层长椭圆形，干膜质，最内层狭披针形，与内层等长；雌花狭漏斗状，下半部被白色柔毛，顶端5齿裂；盘花漏斗状，下半部被白色柔毛，顶端5齿裂。瘦果圆柱形。花期7月，果期8~9月。

产宁夏六盘山，生于林缘或路边。分布于甘肃、青海、山西、四川和云南。

（4）暗花金挖耳　*Carpesium triste* Maxim.

多年生草本。根状茎短。茎直立，基部常呈紫色，疏被白色长柔毛。基生叶倒卵状长椭圆形，先端急尖，基部渐狭成长柄，边缘具不规则的小突尖齿，上面被平伏柔毛，背面被白色长柔毛；叶柄上部具宽翅，向基渐狭；茎生叶互生，卵形，向上渐短至几无柄。头状花序生于茎及分枝的顶端及叶腋；总苞钟形，总苞片4层，外层长椭圆形，上半部草质，下半部干膜质，无毛，内层长椭圆形；两性花管状，无毛。瘦果圆柱形，无毛。花期7月，果期8~9月。

产宁夏六盘山，生于林下。分布于甘肃、贵州、河北、黑龙江、河南、湖北、吉林、辽宁、陕西、台湾、新疆和浙江。

62. 花花柴属　*Karelinia* Less.

花花柴（胖姑娘娘）*Karelinia caspia* (Pall.) Less.

多年生草本。茎直立粗壮，多分枝，中空，幼枝被毛。叶互生，卵形，基部有小耳，抱茎，全缘，质厚。头状花序 3~7 个生于枝端；总苞卵圆形，总苞片 5 层，外层卵圆形，内层披针形，较外层长 3~4 倍，外面被短毡状毛；小花黄色或紫红色，雌花花冠长细管状；花柱分枝细长；两性花花冠细管状；花药超出花冠；花柱分枝较短。雌花冠毛有纤细的微糙毛，两性花冠毛顶端稍粗，有细齿。瘦果圆柱形，具 4~5 条纵棱，无毛。花期 7~9 月，果期 9~10 月。

产宁夏引黄灌区，生于低洼盐碱地、潮湿的田边、路旁。分布于甘肃、内蒙古、青海和新疆。

63. 大丽花属　*Dahlia* Cav.

大丽花（大理菊）*Dahlia pinnata* Cav.

多年生草本。具块根。茎直立，粗壮，多分枝，无毛。叶对生，1~2 回羽状全裂，裂片卵形，有时上部叶不分裂，两面无毛；具叶柄，叶柄基部稍扩展。头状花序大，常下垂；外层总苞片小，卵状椭圆形，叶质，内层椭圆状披针形，膜质；舌状花白色、红色、粉红色、紫红色或黄色，舌片卵形，顶端具不明显的 3 齿或全缘；管状花黄色，或全为舌状花。瘦果长圆形，黑色，扁平，有 2 不明显的齿。花期 6~10 月。

宁夏栽培较普遍。原产墨西哥。在我国有许多栽培品种，其花形、花色、大小以及单瓣或重瓣等有很大变化。

64. 秋英属 *Cosmos* Cav.

秋英 *Cosmos bipinnatus* Cav.

一年生草本。茎直立，多分枝。叶对生，2 回羽状深裂，裂片线形，全缘。头状花序单生茎顶；总苞片 2 层，外层狭卵形，先端长尾尖，淡绿色，具深紫色纵条纹，内层椭圆形，边缘宽膜质，无毛；舌状花粉红色或白色，舌片倒卵状椭圆形，先端具 3~5 个圆钝齿；管状花黄色，顶端具 5 个披针形裂片；托片平展，上端成丝状，与瘦果近等长。瘦果无毛，上端具长喙，有 2~3 个尖刺。花期 6~8 月。

宁夏普遍栽培供观赏。原产墨西哥，我国各地栽培广泛。

65. 鬼针草属 *Bidens* L.

（1）婆婆针 *Bidens bipinnata* L.

一年生草本。茎直立，下部略具四棱，无毛或上部被稀疏柔毛。叶对生，具柄，叶片二回羽状分裂，第一次分裂深达中肋，裂片再次羽状分裂，小裂片三角状，两面均被疏柔毛。头状花序。总苞杯形，基部有柔毛，外层苞片 5~7 枚，条形，被稍密的短柔毛，内层苞片膜质，椭圆形，花后伸长为狭披针形。舌状花 1~3 朵，不育，舌片黄色，椭圆形，盘花筒状，黄色，冠檐 5 齿裂。瘦果条形，具 3~4 棱，具瘤状突起及小刚毛，顶端芒刺 3~4 枚，具倒刺毛。

产宁夏银川市，生于路边荒地、山坡及田间。分布于安徽、福建、甘肃、广东、广西、河北、江苏、江西、吉林、辽宁、内蒙古、陕西、山东、山西、四川、台湾、云南和浙江。

（2）金盏银盘 *Bidens biternata* (Lour.) Merr. et Sherff

一年生草本。茎直立。叶为一回羽状复叶，顶生小叶卵形至长圆状卵形或卵状披针形，先端渐尖，基部楔形，边缘具稍密且近于均匀的锯齿，有时一侧深裂为一小裂片，两面均被柔毛，侧生小叶 1~2 对，卵形或卵状长圆形，近顶部的一对稍小，通常不分裂，基部下延，无柄或具短柄，下部的一对约与顶生小叶相等，具明显的柄，三出复叶状分裂或仅一侧具一裂片，裂片椭圆形，边缘有锯齿。头状花序 8~10 枚，草质，条形。舌状花通常 3~5 朵，不育，舌片淡黄色，长椭圆形，先端 3 齿裂，或有时无舌状花；盘花筒状，冠檐 5 齿裂。瘦果条形，黑色，具四棱，顶端芒刺 3~4 枚，具倒刺毛。

产宁夏中宁县，生于路边、村旁及荒地中。分布于华南、华东、华中、西南及河北、山西、辽宁等地。

（3）小花鬼针草 *Bidens parviflora* Willd.

一年生草本。茎直立，具分枝，有纵棱，疏被柔毛。叶对生或上部叶互生，2~3 回羽状分裂，第 1 回羽状全裂，裂片再次羽状深裂，小裂片具 1~2 个粗齿或再作第 3 次分裂，最终裂片线形，下面沿脉被短硬毛。头状花序单生；总苞筒形，基部被长柔毛，外层总苞片线形，边缘疏具短缘毛，内层长椭圆形；花全为管状花，两性，顶端 4 裂。瘦果线形，略具 4 棱，被短毛，顶端具 2 生倒刺毛的芒。花期 6~8 月，果期 8~9 月。

产宁夏贺兰山及中卫、中宁、平罗、灵武、固原等市（县），生于荒地、路旁、沟渠边。分布于安徽、甘肃、贵州、河北、黑龙江、河南、江苏、吉林、辽宁、内蒙古、青海、陕西、山东、山西和四川。

（4）狼把草 *Bidens tripartita* L.

一年生草本。茎直立，具分枝，有纵棱，基部带紫红色，无毛。叶对生，不裂、基部深裂成 1 对小裂片或 3 深裂；叶柄两则具下延的翅。头状花序单生；总苞盘状，总苞片 2 层，外层长椭圆形，先端具小尖头，背面疏被短硬毛，边缘具软骨质短刺毛，内层总苞片椭圆形，黄棕色；头状花序全部为管状两性花，花冠，顶端 4 裂；托片线状披针形，与瘦果近等长。瘦果扁平，楔形，边缘具倒刺毛，顶端具 2 有倒刺的芒。花期 6~8 月，果期 8~10 月。

产宁夏贺兰山及中宁等县，生于荒地或沟渠边。分布于东北、华北、华东、华中、西南及陕西、甘肃、新疆等。

66. 金鸡菊属　*Coreopsis* L.

（1）两色金鸡菊（蛇目菊）*Coreopsis tinctoria* Nutt.

一年生草本。茎直立，上部分枝，具纵棱，无毛。叶对生，2 回羽状全裂，裂片线形，全缘，两面无毛；中下部叶具长柄，上部叶线形。头状花序多数，排列疏散的伞房花序或圆锥花序；总苞半球形，外层总苞片短，内层总苞片宽大，卵状长圆形，先端尖；舌状花的舌片倒卵形，上部黄色，下部红褐色，管状花红褐色，瘦果线状长椭圆形，无翅，背面密生瘤状突起。花期 5~9 月，果期 8~10 月。

银川市公园及一些庭院有栽培供观赏。原产北美，我国各地均有栽培。

（2）剑叶金鸡菊 *Coreopsis lanceolata* L.

一年生草本。茎无毛或基部被软毛，上部有分枝。茎基部叶成对簇生，叶匙形或线状倒披针形；茎上部叶全缘或 3 深裂，裂片长圆形或线状披针形；上部叶线形或线状披针形，无柄。头状花序单生茎端；总苞片近等长，披针形。舌状花黄色，舌片倒卵形或楔形；管状花窄钟形。瘦果圆形或椭圆形，边缘有膜质翅，顶端有 2 短鳞片。花期 5~9 月。

宁夏银川有栽培。原产北美，我国各地庭园常有栽培。

67. 万寿菊属 *Tagetes* L.

万寿菊 *Tagetes erecta* L.

一年生草本。茎直立，粗壮，有分枝，具纵条棱，无毛。叶羽状全裂，裂片披针形，边缘具尖锯齿，上部叶裂片的齿端具长细芒，两面无毛，沿叶缘疏具腺点。头状花序单生茎和枝的顶端；总苞杯状，顶端具齿尖；舌状花冠黄色或暗橙色，管状花冠黄色，顶端具 5 齿。瘦果线形，黑色或褐色，微被短毛；冠毛有 1~2 个长芒和 2~3 个短而钝的鳞片。花期 7~9 月。

宁夏各地庭院有栽培。原产墨西哥，我国各地普遍栽培。

68. 松香草属 *Silphium* L.

串叶松香草 *Silphium perfoliatum* L.

多年生草本，株高 2~3m；茎直立，四棱形，上部分枝；叶对生，茎从两片叶中间贯串叶出，卵形，先端急尖，下部叶基部渐狭成柄，边缘具粗牙齿；头状花序，在茎顶成伞房状总苞苞片数层，舌片先端 3 齿；管状花黄色，两性，不育。瘦果，心脏形，扁平，褐色，边缘有薄翅。花期 6~9 月，果期 9~10 月。

宁夏石嘴山市有种植。原产于北美的加拿大和美国南部、西部。

69. 苍耳属 *Xanthium* L.

（1）刺苍耳 *Xanthium spinosum* L.

一年生草本。主根直伸，长圆锥形。茎直立，单生，具纵棱，被短糙伏毛。三叉状刺着生于叶基部，麦秆黄色，短柄。叶片卵状披针形，先端渐尖，基部渐狭，全缘或 3 深裂，上面被平伏短柔毛，下面灰白色，密被灰白色短伏毛；叶柄密被灰白色糙伏毛。雄花序椭圆形，单生于茎上部叶腋；雌花序生于雄花序下方，单生，内层总苞片合生成囊状，长椭圆形，被灰白色弯曲柔毛和钩状刺，2 室，每室含 1 朵雌花，柱头 2 裂，裂片线形。花期 8~9 月。

产宁夏同心、中宁、青铜峡等县，生于荒地、田边、路旁。分布于北京和河南。

（2）苍耳 *Xanthium strumarium* L.

一年生草本。根长圆锥形。茎直立，被灰白色短粗毛。叶互生，三角状卵形，边缘具不明显的 3~5 浅裂，裂片边缘具不整齐的齿牙，两面被平伏的短毛；叶柄，常带暗紫色，疏被短伏毛。雄性头状花序近球形，总苞片披针状长椭圆形，被短柔毛，雄花多数，花冠钟形，边缘具 5 齿；雌性头状花序椭圆形，外层总苞片小，披针形，被短柔毛，内层总苞片结合成囊状，后变硬，外面被钩状刺。花期 7~8 月，果期 8~9 月。

宁夏普遍分布，生于荒地、田边、路旁。分布于东北、华北、西北、华东、华南及西南各地。

（3）意大利苍耳 *Xanthium strumarium* L. subsp. *italicum* (Moretti) D. Löve

一年生草本植物。茎直立，有脊，粗糙具毛，有紫色斑点。叶单生，低部叶常于节部近于对生，高位叶互生，三角状卵形，常呈现有 3~5 圆裂片，三主脉突出，边缘锯齿状到浅裂；表面有粗糙软毛。花小，绿色，头状花序单性同株。雄花聚成短的穗状或者总状花序；多毛的雌花序生于雄花序下方叶腋中，生 2 花。瘦果包于总苞，总苞椭圆形，总苞内含有 2 枚卵状长圆形木质刺。果实表面密布独特的毛、具柄腺体、直立粗大的倒钩刺。花果期 7~10 月。

宁夏黄河沿岸有分布。原产地为北美洲。

70. 向日葵属　*Helianthus* L.

（1）向日葵 *Helianthus annuus* L.

一年生高大草本。茎直立，粗壮。叶互生，心状卵圆形，先端急尖，基部心形，边缘具粗齿，两面被短糙毛；具长柄。头状花序大，单生；总苞片多层，卵形，先端尾状渐尖，草质，被长硬毛；舌状花黄色，舌片卵状长椭圆形；管状花多数，棕色或紫褐色，顶端 5 裂，裂片披针形；托片半膜质。瘦果倒卵形，稍压扁，上端具 2 早落的膜片状冠毛。花期 8~9 月，果期 9~10 月。

宁夏全区普遍栽培。原产北美，我国各地普遍栽培。

（2）菊芋（洋姜） *Helianthus tuberosus* **L.**

多年生草本。具地下块茎。茎直立，具分枝，被白色短糙毛或刚毛。叶常对生，或上部叶常互生，卵圆形，先端渐尖，边缘具粗锯齿，上面被白色短粗毛，下面被柔毛，沿脉被短硬毛，具长叶柄；上部叶渐小，长椭圆形，先端短尾状渐尖，基部渐狭，下延。头状花序较大，单生；总苞片多层，披针形，先端长渐尖，被短伏毛，边缘具缘毛；舌状花黄色，舌片长圆形，管状花黄色。瘦果楔形，上端具 2~4 个被毛的锥状扁芒。花期 8~9 月。

宁夏广泛栽培。原产北美，我国各地普遍栽培。

71. 金光菊属 *Rudbeckia* L.

（1）黑心金光菊 *Rudbeckia hirta* **L.**

一年生或二年生草本；全株被刺毛。茎下部叶长卵圆形或匙形，基部楔形下延，3 出脉，边缘有细锯齿，叶柄具翅；上部叶长圆状披针形，两面被白色密刺毛。头状花序，花序梗长；总苞片外层长圆形，内层披针状线形，被白色刺毛；花托圆锥形，托片线形，对折呈龙骨瓣状，边缘有纤毛。舌状花鲜黄色，舌片长圆形，10~14 个，先端有 2~3 不整齐短齿；管状花褐紫或黑紫色。瘦果四棱形，黑褐色，无冠毛。花期 7~10 月。

宁夏各县区有栽培。原产北美，全国各地均有栽培。

（2）金光菊 *Rudbeckia laciniata* L.

多年生草本。茎上部有分枝。叶互生，下部叶具叶柄，不分裂或羽状 5~7 深裂，裂片长圆状披针形；中部叶 3~5 深裂，上部叶不分裂，卵形，背面边缘被短糙毛。头状花序单生，具长花序梗。总苞半球形；总苞片 2 层，长圆形，上端尖，被短毛。花托球形；托片顶端截形，被毛，与瘦果等长。舌状花金黄色；舌片倒披针形，长约为总苞片的 2 倍，顶端具 2 短齿；管状花黄色或黄绿色。瘦果无毛，压扁，稍有 4 棱，顶端有具 4 齿的小冠。花期 7~10 月。

宁夏各县区有栽培。原产北美，全国各地均有栽培。

72. 百日菊属　*Zinnia* L.

百日菊 *Zinnia elegans* Jacq.

一年生草本。茎直立，被短伏毛，下部混生长硬毛。叶对生，卵状宽椭圆形，基部半抱茎，两面被毛，基出三脉。头状花序单生枝端；总苞宽钟形，总苞片 3~4 层，宽倒卵圆形，边缘黑褐色，疏被白色短伏毛；舌状花深红色、玫瑰色、紫堇色或白色，舌片狭倒卵形，两面被白色短毛；管状花黄色或橙色，先端裂片披针形，密被黄褐色茸毛；托片上端具紫红色附片，流苏状三角形。管状花瘦果倒卵形，顶端具短齿。花期 6~9 月，果期 7~10 月。

宁夏各地庭院栽培供观赏。原产墨西哥，我国各地栽培广泛。

73. 鳢肠属 *Eclipta* L.

鳢肠 *Eclipta prostrata* (L.) L.

一年生草本。茎直立，自基部分枝，被贴生糙毛。叶长圆状披针形，无柄，两面被密硬糙毛。头状花序，有细花序梗；总苞球状钟形，总苞片绿色，草质，2层，长圆形，外层较内层稍短，背面及边缘被白色短伏毛；外围的雌花2层，舌状，中央的两性花多数，花冠管状，白色；花托凸，有披针形托片；瘦果暗褐色，雌花的瘦果三棱形，两性花的瘦果扁四棱形，顶端截形，具1~3个细齿，边缘具白色的肋，表面有小瘤状突起，无毛。花期6~9月。

产宁夏引黄灌区，生于湖、渠边草地。分布于安徽、福建、甘肃、广西、贵州、河北、河南、湖北、湖南、江苏、江西、吉林、辽宁、陕西、山东、山西、四川、台湾、云南和浙江。

74. 牛膝菊属 *Galinsoga* Ruiz & Pav.

粗毛牛膝菊 *Galinsoga quadriradiata* Ruiz et Pav.

一年生草本。茎纤细，茎枝，尤以接花序以下，被开展稠密的长柔毛。叶对生，卵形，基出三脉或不明显五出脉，叶边缘有粗锯齿或犬齿。头状花序半球形，有长花梗，伞房花序。总苞半球形；总苞片1~2层，外层短，内层卵形白色，膜质。舌状花4~5个，舌片白色，顶端3齿裂，筒部细管状；管状花花冠黄色，下部被稠密的白色短柔毛。托片倒披针形，纸质。瘦果三棱，黑色。舌状花冠毛毛状，脱落；管状花冠毛膜片状，白色，披针形，固结于冠毛环上，正体脱落。花果期7~10月。

产宁夏银川市，生于荒野、河边、田间、溪边或市郊路旁。原产南美洲，在我国归化，全国均有分布。

75. 豨莶属　*Siegesbeckia* L.

腺梗豨莶 *Sigesbeckia pubescens* (Makino) Makino

一年生草本。茎直立，被白色长柔毛和糙毛，上部分枝，被腺毛。叶对生，茎中部叶卵形，先端渐尖，叶片边缘具不规则粗糙齿，两面被短毛；上部叶小，卵状披针形，背面沿脉被长柔毛。头状花序组成圆锥花序，花序梗，密被紫褐色腺毛；总苞宽钟状，外层总苞片线状匙形，内被腺毛，内层总苞片卵状长圆形，外面被腺毛；舌状花1层，黄色，舌片，盘花筒状，边缘4~5裂。瘦果倒卵形，黑色，具4棱，无毛。花果期9~10月。

产宁夏六盘山，生于荒地或林缘。分布于安徽、福建、甘肃、广东、广西、贵州、海南、河北、河南、湖北、湖南、吉林、辽宁、江苏、江西和内蒙古。

76. 蛇鞭菊属　*Liatris* Gaertn. ex Schreb.

蛇鞭菊 *Liatris spicata* (L.) Willd.

多年生草本花卉植物，茎基部膨大呈扁球形，地上茎直立，株形锥状。叶披针形，由上至下逐渐变小，下部叶长约 17cm 左右，宽约 1cm，平直或卷曲，上部叶长约 5cm 左右，宽约 4mm，平直，斜向上伸展。头状花序排列成密穗状，长 60cm，因多数小头状花序聚集成长穗状花序，呈鞭形而得名。花序部分约占整个花葶长的 1/2。小花由上而下次第开放，花色分淡紫和纯白两种。花期 7~8 月。

宁夏银川市、彭阳县有栽培。分布于美国和加拿大，我国多地有栽培。

一三七 五福花科 Adoxaceae

1. 荚蒾属 *Viburnum* L.

（1）桦叶荚蒾 *Viburnum betulifolium* Batal.

灌木。幼枝暗紫褐色，无毛或疏被星状毛。叶片卵形，先端突尖，基部圆形，边缘具牙齿，上面疏被平伏短毛和叉状毛，背面被星状毛，近基部两侧有少数黑褐色腺体；叶柄密生星状毛。复伞状聚伞花序生枝端，总花梗及花梗密生星状毛；花萼管状，裂片 5，三角形；花冠白色，辐状，裂片 5；雄蕊 5，花丝无毛，与花冠近等长。核果宽卵形近圆形，棕褐色，核扁，背面具 2 浅槽，腹面具 1 条浅槽。花期 6 月，果期 7 月。

产宁夏六盘山，生于海拔 1900~2000m 的山坡灌木林中。分布于安徽、甘肃、广西、贵州、河南、湖北、陕西、山西、四川、台湾、西藏、云南和浙江。

（2）香荚蒾 *Viburnum farreri* W. T. Stearn

灌木。树皮灰褐色，小枝棕色，无毛。单叶对生，倒卵状椭圆形，先端突尖，基部楔形，边缘具不规则的锯齿，上面被平伏柔毛，背面脉腋具簇毛。圆锥状聚伞花序顶生；苞片线形；花萼管状，无毛，萼裂片5，三角形；花冠高脚碟状，粉红色，花冠筒管状，无毛，花冠裂片5，宽卵形；雄蕊5，着生于花冠筒内不同高度上，2个着生于花冠筒上部，花丝较短，其余3个着生于花冠筒下部。核果矩圆形，鲜红色，核具1腹沟。花期4月，果期7月。

产宁夏六盘山，生于海拔2100m左右的山谷河滩地、路边或林缘。分布于甘肃、河北、河南、青海和山东。

（3）聚花荚蒾 *Viburnum glomeratum* Maxim.

灌木。树皮灰黑色，幼枝灰棕色，密生星状毛。叶卵形，先端急尖，基部近圆形至宽楔形，边缘具锯齿，上面深绿色，叶脉凹陷，疏生柔毛及星状毛，下面灰绿色，密生星状毛。复伞形聚伞花序顶生，总花梗与花梗均密生星状毛；苞片线形，密生星状毛，花萼管状钟形，外面密被星状毛，萼齿5，三角形；花冠辐状，白色，花冠裂片5；雄蕊5，着生于花冠筒基部，花丝稍长于花冠。核果椭圆形，先红后黑；核扁。花期5月，果期6~7月。

产宁夏六盘山，生于海拔2100m左右的沟谷河滩地或灌丛中。分布于安徽、甘肃、河南、湖北、江西、陕西、四川、西藏、云南和浙江。

（4）蒙古荚蒾 *Viburnum mongolicum* (Pall.) Rehd.

灌木。树皮褐色，纵裂，老枝灰白色，幼枝棕褐色，被星状毛。叶片卵形至椭圆形，基部圆形，边缘具浅锯齿，上面疏被平伏柔毛，背面疏被星状毛或近无毛；叶柄被星状毛；复伞形状聚伞花序顶生，总花梗被星状毛；花萼管状，无毛，萼齿5，三角形；花冠钟形，黄绿色，花冠裂片5，半圆形；雄蕊5，着生于花冠筒基部，与花冠等长或稍短。核果椭圆形，核扁，背面具2浅槽，腹面具3浅槽。花期6月，果期6~8月。

产宁夏贺兰山、六盘山及南华山，生于山坡灌丛或山谷。分布于甘肃、河北、河南、内蒙古、青海、陕西和山西。

（5）鸡树条荚蒾 *Viburnum opulus* L. subsp. *calvescens* (Rehder) Sugimoto

灌木。树皮灰褐色；小枝棕褐色，无毛。单叶对生，宽卵形，顶端3裂，裂片卵形；叶柄腹面具槽，顶端具2盘状腺体；托叶钻形。复伞形状聚伞花序顶生，总花梗及花梗均无毛，外围具大型白色不孕的边花，中央为能孕的两性花；花萼管状，无毛，萼齿5，微小；花冠辐状，乳白色，喉部具白色长柔毛，裂片5；雄蕊5，着生于花冠筒基部，花丝长于花冠。果实近圆球形，红色；种子扁圆形。花期6~8月，果期8~9月。

产宁夏六盘山，生于林缘或杂木林中。分布于安徽、甘肃、河北、黑龙江、河南、湖北、江苏、江西、吉林、辽宁、陕西、山东、山西、四川、新疆和浙江。

（6）陕西荚蒾 *Viburnum schensianum* Maxim.

灌木。叶片卵状椭圆形，基部圆形，边缘具浅锯齿，上面疏生平伏柔毛，背面疏被星状毛或近无毛；叶柄被星伏毛。复伞形聚伞花序顶生；花萼管状，无毛，萼裂片 5；花冠辐状，白色，花冠裂片 5，宽卵形，先端圆；雄蕊 5，着生于花冠筒基部，稍长于花冠。核果椭圆形，先红熟黑，背面略隆起，腹面具 3 浅沟。花期 6 月，果期 7~9 月。

产宁夏六盘山及南华山，生于山坡灌丛。分布于安徽、甘肃、河北、河南、湖北、江苏、陕西、山东、山西、四川和浙江。

2. 接骨木属　*Sambucus* L.

（1）血满草 *Sambucus adnata* Wall. ex DC.

多年生草本。根状茎粗壮，横走，具多数须根。茎直立，具纵棱槽，无毛。奇数羽状复叶，具 5~9 小叶，小叶长椭圆形，先端渐尖，基部近圆形，两侧不对称，边缘具细锯齿，两面无毛，最上部一对小叶片基部互相连合；小叶柄无毛。伞房状复聚伞花序顶生；花萼杯状，萼齿 5，卵状三角形；花冠辐状，白色，花冠裂片 5，卵圆形；雄蕊 5，与花冠近等长，花丝扁平，无毛；花柱短，柱头 3 裂，花期 6~7 月。

产宁夏六盘山，生于沟边、林缘及山脚下。分布于甘肃、贵州、湖北、青海、陕西、四川、西藏和云南。

（2）接骨木 *Sambucus williamsii* Hance

落叶灌木或小乔木。老枝淡红褐色，具明显的长椭圆形皮孔，髓部淡褐色。羽状复叶有小叶 2~3 对，小叶片卵圆形，边缘具不整齐锯齿；叶搓揉后有臭气；托叶狭带形。花与叶同出，圆锥形聚伞花序顶生，具总花梗，花序分枝多成直角开展；花小而密；萼筒杯状，萼齿三角状披针形；花冠蕾时带粉红色，开后白色或淡黄色；雄蕊与花冠裂片等长，开展；子房 3 室，花柱短，柱头 3 裂。果实红色，卵圆形。花期 4~5 月，果熟期 9~10 月。

产宁夏六盘山，生于山坡、灌丛。分布于安徽、福建、甘肃、广东、广西、贵州、河北、黑龙江、河南、湖北、湖南、江苏、吉林、辽宁、陕西、山东、山西、四川、云南和浙江。

3. 五福花属　*Adoxa* L.

五福花 *Adoxa moschatellina* L.

多年生矮小草本；根状茎横生。茎单一，纤细，有长匍匐枝。基生叶 1~3，为 1~2 回三出复叶，小叶片宽卵形；茎生叶 2 枚，对生，3 深裂，裂片再 3 裂。花序有限生长，5~7 朵花成顶生聚伞性头状花序，无花柄。花黄绿色；花萼浅杯状，顶生花的花萼裂片 2，侧生花的花萼裂片 3；花冠幅状，管极短，顶生花的花冠裂片 4，侧生花的花冠裂片 5，外轮雄蕊在顶生花为 4，在侧生花为 5；花柱在顶生花为 4，侧生花为 5。核果。花期 4~7 月，果期 7~8 月。

产宁夏六盘山，生于林下、林缘或草地。分布于河北、黑龙江、辽宁、内蒙古、青海、山西、四川、新疆、西藏和云南。

一三八 忍冬科 Caprifoliaceae

1. 锦带花属 *Weigela* Thunb.

锦带花 *Weigela florida* (Bunge) A. DC.

落叶灌木。幼枝稍四方形，有 2 列短柔毛；树皮灰色。芽顶端尖，具 3~4 对鳞片。叶矩圆形，顶端渐尖，边缘有锯齿，上面疏生短柔毛，下面密生短柔毛或绒毛。花单生或成聚伞花序；萼筒长圆柱形，疏被柔毛，萼齿不等长，深达萼檐中部；花冠紫红色或玫瑰红色，外面疏生短柔毛，裂片不整齐；花丝短于花冠，花药黄色；子房上部的腺体黄绿色，花柱细长，柱头 2 裂。果实有短柄状喙，疏生柔毛；种子无翅。花期 4~6 月。

宁夏各地有栽培供观赏。分布于河北、黑龙江、河南、江苏、吉林、辽宁、内蒙古、陕西、山东和山西。

2. 莛子藨属 *Triosteum* L.

莛子藨 *Triosteum pinnatifidum* Maxim.

多年生草本。根状茎粗壮，具棕褐色鳞片。茎直立，疏被灰白色刚毛。叶对生，3~4对，顶端 2 对较靠近几成轮生状，叶片倒卵形，羽裂，两面疏被刚毛。由无总梗的 2 对聚伞花序轮生，2~4 轮再组成顶生穗状花序；苞片线形，被腺毛；花萼卵形，密生腺毛，萼齿 5；花冠漏斗形，黄绿色，腹面基部膨大成圆形囊状距，冠檐 2 唇形，上唇 4 裂，下唇全缘；雄蕊 5，花丝稍短于花冠；花柱与雄蕊等长。核果卵形，腹面具 1 浅槽，被腺毛。花果期 6~7 月。

产宁夏六盘山，生林下或灌丛中。分布于甘肃、河北、河南、湖北、青海、陕西、山西和四川。

3. 忍冬属 *Lonicera* L.

（1）蓝靛果忍冬 *Lonicera caerulea* L.

灌木。叶对生，椭圆形或椭圆状披针形，先端渐尖，基部圆形，两面被平伏柔毛，背面沿中脉较密；叶柄密被浅黄棕色柔毛。花对生，总花梗密被黄棕色毛，苞片锥形，被毛，小苞片合生成坛状花杯，完全苞被子房，成熟时肉质；花冠黄白色，外面被柔毛，基部一侧膨大成浅囊状，顶端近 5 等裂；雄蕊 5，稍伸出花冠之外；花柱无毛，伸出花冠之外。浆果蓝色，成熟后黑色，卵状长椭圆形。花期 5 月，果期 6~7 月。

产宁夏六盘山及贺兰山，生于海拔 2000~2300m 的山坡灌丛或林缘。分布于甘肃、河北、黑龙江、河南、吉林、辽宁、内蒙古、青海、山西、四川、新疆和云南。

（2）金花忍冬 *Lonicera chrysantha* Turcz.

灌木。叶菱形或倒卵状菱形，先端渐尖，两面被毛，边缘具缘毛；叶柄疏被开展的白色长柔毛。花对生叶腋，总花梗直伸，被毛；苞片锥形，被毛；小苞片近圆形，长约为萼筒的一半，边缘具白色缘毛；萼筒分离，萼齿短，边缘具缘毛；花冠黄白色，后变黄色，基部膨大成囊状，花冠筒上唇4浅裂；雄蕊5，与花冠裂片等长或稍短，花丝中部以下被毛；花柱较雄蕊短，被毛。浆果红色。花期6月，果期7~8月。

产宁夏六盘山，生于海拔1750~2200m的灌丛或林缘。分布于安徽、甘肃、贵州、河北、黑龙江、河南、湖北、江苏、江西、吉林、辽宁、内蒙古、青海、陕西、山东、山西、四川、西藏、云南和浙江。

（3）北京忍冬 *Lonicera elisae* Franch.

灌木。幼枝有微毛、刺刚毛和腺毛，二年生枝淡黄褐色，无毛。叶与花同时开放，但花期时叶尚不完全展开，叶片卵状椭圆形，两面被长柔毛。花由二年生枝顶端发出，总花梗短，被柔毛；苞片卵状披针形；无小苞片；相邻两萼筒分离，被长硬毛，萼檐宽漏斗状，5 浅裂，边缘具缘毛；花冠漏斗状，白色或淡粉红色，外面疏被长硬毛，基部具浅囊；雄蕊 5，稍短于花冠，花丝无毛；花柱稍伸出，下部疏被长硬毛。果实椭圆形，红色。花期 4~5 月。

产宁夏六盘山，生于山坡灌丛或沟谷。分布于安徽、甘肃、河北、河南、湖北、陕西、陕西、四川和浙江。

（刘冰　拍摄）

（4）葱皮忍冬 *Lonicera ferdinandi* Franch.

灌木。幼枝灰绿色，密生粗毛，老枝黑褐色，条状剥落，壮枝具圆形叶柄间托叶。叶对生，卵形，上面被平伏柔毛，背面被硬毛，边缘具缘毛。总花梗短，密被硬毛；苞片卵形，小苞片合生成壶状花杯，完全包围子房，厚革质；相邻的两花萼分离，萼齿三角形；花冠黄色，2 唇形，唇片与花冠筒近等长，花冠筒基部膨大成囊状，上唇 4 裂，裂片椭圆形；雄蕊 5，与花冠近等长；花柱被毛，伸出花冠。浆果红色，外包开裂的花杯。花期 6 月，果期 7~8 月。

产宁夏六盘山及罗山，生于海拔 1700~2000m 的山谷杂木林中。分布于甘肃、河北、黑龙江、河南、辽宁、内蒙古、青海、陕西、山西、四川和云南。

（5）刚毛忍冬 *Lonicera hispida* Pall. ex Roem. et Schult.

灌木。幼枝绿棕色，被硬毛，老枝灰褐色，条状剥落。叶对生，长椭圆形，先端渐尖，上面被平伏硬毛，下面沿脉被硬毛，边缘具缘毛；叶柄密被硬毛。花对生于当年生枝的最下 1 对叶的叶腋中；总花梗被硬毛；苞片宽卵形，被硬毛；相邻两个花萼离生，被腺毛及刚毛，萼檐环状，无萼齿；花冠黄白色，外面疏被腺毛及刚毛，基部膨大成囊，顶端 5 裂，裂片长椭圆形，边缘具短缘毛；雄蕊 5，与花冠裂片等长；花柱被毛，伸出花冠。花期 5~6 月。

产宁夏六盘山，生于山坡灌木丛中或林缘。分布于甘肃、河北、青海、陕西、山西、四川、新疆、西藏和云南。

（6）忍冬 *Lonicera japonica* Thunb.

半常绿藤本。叶纸质，卵形至矩圆状卵形，顶端尖或渐尖，基部圆或近心形。总花梗通常单生于小枝上部叶腋，与叶柄等长或稍较短；苞片大，叶状，卵形至椭圆形，两面均有短柔毛或有时近无毛；小苞片顶端圆形或截形，为萼筒的 1/2~4/5；萼筒无毛，萼齿卵状三角形或长三角形；花冠白色，有时基部向阳面呈微红，后变黄色，唇形，筒稍长于唇瓣，上唇裂片顶端钝形，下唇带状而反曲；雄蕊和花柱均高出花冠。果实圆形，熟时蓝黑色，有光泽；种子卵圆形或椭圆形，褐色。花期 4~6 月，果熟期 10~11 月。

宁夏部分区域有栽培。除黑龙江、内蒙古、青海、新疆、海南和西藏无自然生长外，全国各地均有分布。

（7）小叶忍冬 *Lonicera microphylla* Willd. ex Roem. et Schult.

灌木。幼枝浅棕色，无毛，老枝灰白色，条状剥落。叶对生，倒卵形，基部楔形，下面被短柔毛，后渐脱落，边缘具疏缘毛，叶柄无毛。花对生，总花梗无毛；苞片线形，较花萼长；花萼无毛，相邻的两个花萼大部至几乎全部合生，萼檐环状；花冠淡黄色，外面无毛，基部膨大成囊状，2 唇形，上唇 4 裂，裂片矩圆形，花冠筒内疏被柔毛；雄蕊 5，稍伸出花冠；花柱被柔毛，伸出花冠。浆果近球形，红色。花期 6 月，果期 7~8 月。

产宁夏贺兰山及罗山，生于山坡、沟谷边。分布于甘肃、河北、河南、内蒙古、青海、山西、台湾、新疆和西藏。

（8）金银忍冬 *Lonicera maackii* (Rupr.) Maxim.

灌木。小枝褐色，疏被短柔毛，老枝灰褐色，中空。叶对生，卵形，先端尾尖，两面被柔毛，边缘具缘毛。花对生叶腋，总花梗短，密被柔毛及腺毛；苞片线形，被毛，小苞片呈杯状，包被子房，边缘具缘毛，背面被柔毛及腺毛；两相邻花萼分离，萼齿披针形，较萼筒长，常带紫红色，被柔毛及腺毛；花冠黄白色，外面被柔毛，2 唇形，唇片长为花冠筒的 2 倍，上唇 4 裂；雄蕊 5，较花冠短，花丝下部被毛；花柱与雄蕊等长，被毛。花期 6 月。

产宁夏六盘山，生于海拔 1600~1800m 的阴坡杂木林下或林缘。分布于安徽、甘肃、贵州、河北、黑龙江、河南、湖北、湖南、江苏、吉林、辽宁、内蒙古、陕西、山东、山西、四川、西藏、云南和浙江。

（9）红脉忍冬 *Lonicera nervosa* **Maxim.**

灌木。枝灰褐色，幼枝红褐色，被微腺毛；冬芽具多对鳞片，卵形，先端尖。叶矩圆形，先端渐尖，基部圆形，脉常呈红色；叶柄无毛。花对生，总花梗微被腺毛；苞片锥形；相邻两花小苞片合生；萼筒合生至中部以上，萼裂片卵状披针形，边缘具腺毛；花冠淡紫色，外面无毛，基部膨大成囊状，2 唇形，花冠筒内被柔毛，上唇 4 裂；雄蕊 5；花柱被毛。浆果黑色。花期 6~7 月，果期 7~9 月。

产宁夏六盘山，生于海拔 2200m 的林缘、灌丛中。分布于甘肃、河南、青海、陕西、山西和四川。

（10）长白忍冬 *Lonicera ruprechtiana* **Regel**

落叶灌木。幼枝和叶柄被绒状短柔毛；凡小枝、叶柄、叶两面、总花梗和苞片均疏生黄褐色微腺毛。冬芽约有 6 对鳞片。叶纸质，矩圆状倒卵形，边缘略波状起伏或有时具不规则浅波状大牙齿。苞片条形，长超过萼齿；小苞片分离，卵状披针形；花冠白色，后变黄色，外面无毛，筒粗短，内密生短柔毛，基部有 1 深囊；雄蕊短于花冠；花柱略短于雄蕊，全被短柔毛，柱头粗大。果实橘红色，圆形；种子椭圆形，棕色。花期 5~6 月，果熟期 7~8 月。

宁夏银川市植物园有栽培。分布于辽宁、吉林和黑龙江。

（11）岩生忍冬 *Lonicera rupicola* Hook. f. et Thoms.

灌木。叶对生或 3 叶轮生，长椭圆形，先端圆钝，表面绿色，无毛或疏被短绒毛，网脉明显，背面密生灰白色绒毛；叶柄腹面具槽，被绒毛。花对生，总花梗被短绒毛；苞片披针形，与花萼近等长；花萼子房离生，萼齿披针形，长为花萼的一半或稍短，边缘疏具缘毛；花冠粉红色或淡紫红色，外面被短绒毛，里面被柔毛，顶端近等 5 裂，裂片椭圆形；雄蕊 5，内藏；花柱与雄蕊近等长。果实近球形，红色。花期 6 月，果期 7~8 月。

产宁夏六盘山，生于海拔 2600m 左右的山坡灌丛中。分布于甘肃、青海、四川、西藏和云南。

（12）红花岩生忍冬 *Lonicera rupicola* var. *syringantha* (Maxim.) Zabel

本变种与正种的主要区别在于花冠外面无毛；叶片背面无毛；老枝顶端不成刺状。

产地、生境同正种。分布于甘肃、青海、四川、西藏和云南。

（13）冠果忍冬 *Lonicera stephanocarpa* Franch.

灌木。幼枝暗紫褐色，无毛，老枝灰黑色，条状剥落。叶对生，椭圆形，先端渐尖，两面被平伏柔毛，背面稍密；叶柄被毛。花对生于当年枝条基部的叶腋，苞片大，宽卵形，先端渐尖，膜质，脉纹明显，被硬毛；相邻两个花萼离生，密生刚毛，萼檐开展，具 5 圆齿，被腺毛与刚毛；花冠黄白色，外面疏被腺毛及短硬毛，基部膨大成囊，边缘 5 裂，裂片卵形，边缘具短缘毛；雄蕊 5，与花冠裂片等长，花柱伸出花冠。花期 5~6 月。

产宁夏六盘山，生于杂木林中或林缘。分布于甘肃、陕西和四川。

（14）唐古特忍冬 *Lonicera tangutica* Maxim.

灌木。小枝褐色，疏被短柔毛，老枝灰白色。叶对生，倒卵形至倒卵状披针形，基部楔形，两面被柔毛；近无柄。花对生，总花梗长，下垂，被柔毛；苞片卵形，先端尖，具缘毛；花萼萼齿小，三角形，被毛，子房大部至全部合生；花冠淡黄色或粉白色，外面无毛，里面被长柔毛，基部具稍膨大的浅囊，边缘近等 5 裂，裂片宽卵形，顶端圆；雄蕊 5，与花冠等长或稍长，花药被柔毛；花柱被柔毛，伸出花冠。果实红色。花期 6~7 月，果期 7~8 月。

产宁夏六盘山，生于海拔 2000~2200m 的山坡林缘或山谷河滩地。分布于安徽、甘肃、贵州、河北、河南、湖北、湖南、青海、陕西、山西、四川、台湾、西藏和云南。

（15）盘叶忍冬 *Lonicera tragophylla* Hemsl.

藤本。小枝黄绿色，光滑无毛。叶椭圆形，基部楔形，全缘，上面绿色，下面灰蓝绿色，两面无毛或背面中脉下部两侧被短毛；下部叶具短柄，上部叶无柄或基部合生，花序下的1对叶合生成盘状，扁椭圆形。头状花序顶生，具花4~11朵；子房分离，萼齿三角形，钝；花冠黄色，外面下部被具柄头状腺毛，2唇形，上唇4裂，下唇稍短于上唇；雄蕊5，与花冠等长或稍长，花丝无毛；花柱较雄蕊稍长，柱头头状。花期6~7月。

产宁夏六盘山，生于海拔1600~1900m的杂木林中。分布于安徽、甘肃、贵州、河北、河南、湖北、陕西、陕西、四川和浙江。

（16）华西忍冬 *Lonicera webbiana* Wall. ex DC.

灌木。叶对生，卵状长椭圆形，先端尖，边缘全缘或植株下部的叶边缘波状或羽状浅裂，裂片圆钝，上面疏被平伏短毛，边缘具缘毛，叶片基部边缘具腺毛。花对生，总花梗无毛；苞片锥形；花萼无毛，萼齿三角形；花冠暗紫红色，花冠筒在基部以上膨大成囊状，花冠筒长为裂片长的二分之一，花冠筒内被白色长柔毛，上唇4裂，裂片卵形，顶端圆，下唇较宽；雄蕊5，与花冠裂片近等长，花丝下部被毛；花柱较雄蕊短，密被毛。浆果球形。

产宁夏六盘山，生于林缘、灌丛或沟谷边。分布于甘肃、湖北、江西、青海、陕西、山西、四川、西藏和云南。

（17）新疆忍冬 *Lonicera tatarica* L.

落叶灌木。全株近无毛。冬芽小，有 4 对鳞片。叶纸质，卵形，两侧常稍不对称，边缘有糙毛。总花梗纤细，苞片线状披针形，长与萼筒相近或较短，有时叶状而长于萼筒。小苞片分离，近圆形；相邻两萼筒分离，萼檐具三角形小齿；花冠粉红或白色，唇形，冠筒短于唇瓣，基部常有浅囊，上唇两侧裂深达唇瓣基部，开展，中裂较浅；雄蕊和花柱稍短于花冠，花柱被柔毛。果熟时红色，圆形。花期 5~6 月，果期 7~8 月。

宁夏银川、盐池、石嘴山等地有栽培。分布于河北、黑龙江、辽宁和新疆。

4. 毛核木属　*Symphoricarpos* Duhamel

白雪果 *Symphoricarpos albus* (L.) S.F.Blake

落叶灌木。冬芽具 2 对鳞片。株形开张，枝拱形下垂。叶对生，光滑，椭圆形，蓝绿色，边缘略带波浪状，有短柄，无托叶。总状花序簇生枝顶或生叶腋。花冠钟形，粉红色下垂，1~3 朵簇生。整齐，筒基部稍呈浅囊状，内面被长柔毛；雄蕊 5~4 枚，着生于花冠筒。浆果圆球形，最初是淡绿色，但在夏末到初秋成熟为乳白色。核卵圆形；种子具胚乳，胚小。花期 7~8 月，果熟期 10 月，果经冬不落。

宁夏银川市有栽培。原产于美国北部和加拿大，中国华北、华中等地有引种栽培。

5. 猬实属 *Kolkwitzia* Graebn.

猬实 *Kolkwitzia amabilis* Graebn.

多分枝直立灌木；幼枝红褐色，被短柔毛及糙毛，老枝光滑，茎皮剥落。叶椭圆形，顶端尖，全缘，两面散生短毛，脉上和边缘密被直柔毛和睫毛。伞房状聚伞花序具长1~1.5cm的总花梗，花梗几不存在；苞片披针形；萼筒外面密生长刚毛；花冠淡红色，外有短柔毛，裂片不等，其中二枚稍宽短，内面具黄色斑纹；花柱有软毛，柱头圆形，不伸出花冠筒外。果实密被黄色刺刚毛，顶端伸长如角，冠以宿存的萼齿。花期5~6月，果熟期8~9月。

宁夏银川市有栽培。我国特有种，分布于安徽、甘肃、河北、河南、湖北、陕西和山西。

6. 六道木属 *Zabelia* (Rehder) Makino

南方六道木 *Zabelia dielsii* (Graebn.) Makino

灌木。小枝灰白色，无毛。叶对生，长圆状披针形，先端长渐尖，基部楔形，两面疏被柔毛，边缘具缘毛；叶柄腹面具槽。花对生于短侧枝顶端，具总花梗；花梗短，无毛；花萼线形，光滑无毛，萼片4，长椭圆形，顶端圆，无毛；花冠钟状高脚碟形，外面无毛，裂片4；雄蕊4，2长2短，长者伸达花冠筒喉部，花丝贴生于花冠筒上，被长柔毛；花柱无毛，稍伸出花冠筒喉部。花期6月，果期7~8月。

产宁夏六盘山，生于海拔1800~2000m的山坡灌木林中或河滩地灌丛中。分布于安徽、福建、甘肃、贵州、河南、湖北、江西、陕西、山西、四川、西藏、云南和浙江。

7. 败酱属　*Patrinia* Juss.

（1）墓头回 *Patrinia heterophylla* Bge.

多年生草本。茎直立，少分枝，疏被倒生糙毛。基生叶丛生，具长柄，不裂或羽裂；茎生叶对生，下部叶片与基生叶同形，上部叶渐变狭，两面被糙毛。花黄色，组成顶生伞房状聚伞花序，被短糙毛；总花梗下的苞片线形；花萼小，5齿裂；花冠钟形，檐部5裂，裂片与花冠筒近等长，花冠筒基部1侧具浅囊肿；雄蕊4，伸出；柱头盾头状。瘦果苞翅卵圆形，网状脉常具2主脉。花期7~9月，果期8~10月。

产宁夏六盘山，生于林缘草地。分布于安徽、重庆、甘肃、贵州、河北、河南、湖北、湖南、河南、江苏、江西、吉林、辽宁、内蒙古、青海、陕西、山东、山西、四川和浙江。

（2）岩败酱 *Patrinia rupestris* (Pall.) Juss.

多年生草本。具根状茎。茎直立，不分枝，被短柔毛。基生叶卵形，羽状深裂，花期枯萎。茎生叶对生，叶片狭卵形，羽裂。聚伞花序在枝端排成伞房状，花序轴及花梗密生短毛；总苞片线形，3裂，小苞片线形；花萼不明显，花冠黄色，漏斗形，花冠筒基部一侧具偏突，檐部5裂，裂片卵圆形；雄蕊4，花丝线形；花柱柱头头状。果实倒卵状圆柱形，背部具贴生的翅状膜质苞片。花期7~8月，果期8~9月。

产宁夏六盘山、麻黄山及固原等市（县），生于山坡草地及路边。分布于重庆、甘肃、河北、黑龙江、河南、吉林、辽宁、内蒙古、陕西和山西。

（3）糙叶败酱 *Patrinia scabra* Bunge

多年生草本。茎至数枚丛生，被细密短糙毛；基生叶倒披针形，2~4羽状浅裂，花果枯萎；茎生叶对生，窄卵形或披针形，1~3对羽状深裂至全裂，中央裂片较长大，倒披针形，两侧裂片镰状条形，全缘；圆锥状聚伞花序在枝顶端集生成大型伞房状花序；花冠筒状，黄色；瘦果长圆柱形。

产宁夏六盘山、南华山、麻黄山及固原等市（县），分布于河北、河南、吉林、辽宁和内蒙古。

8. 缬草属 *Valeriana* L.

（1）缬草 *Valeriana officinalis* L.

多年生草本。根状茎短。茎直立，单一，不分枝，中空，被白色粗毛。基生叶早落或残存，边缘具粗锯齿，具长柄；茎生叶对生，椭圆形，羽裂，两面被毛。花序顶生，伞房状三出聚伞圆锥花序；总苞片羽状深裂，裂片线形，被毛，小苞片线形；花冠漏斗状钟形，玫瑰红色，檐部 5 裂，裂片长圆形，顶端圆钝，雄蕊 3，着生于花冠筒中部；子房下位。瘦果卵状矩圆形，扁，一面具 1 脉，另一面具 3 脉，顶端具多数羽毛状宿萼。花期 6~7 月，果期7~8 月。

产宁夏六盘山、罗山及南华山，生于草地、林缘、路边。分布于安徽、重庆、甘肃、贵州、河北、河南、湖北、湖南、江西、内蒙古、青海、陕西、山东、山西、四川、台湾、西藏和浙江。

（2）小缬草 *Valeriana tangutica* Batal.

多年生细弱草本。根状茎短。茎直立，单一，不分枝，细弱，具纵棱，无毛。基生叶矩圆形，羽状全裂，两面无毛，质薄；茎生叶 2 对，疏离，较小，5 深裂，无柄。伞房状聚伞花序顶生，总苞片线状披针形，边缘具 1~2 个缺刻状裂片，苞片线形；花萼内卷；花冠漏斗形，白色，檐部 5 裂，裂片卵形；雄蕊 3，着生于花冠筒中部。瘦果卵状披针形，扁，一面 1 脉，一面 3 脉，顶端具多数羽毛状宿萼。花期 6~7 月，果期 7~8 月。

产宁夏贺兰山，生于崖下阴湿处或阴坡石隙中。分布于甘肃、内蒙古、四川和青海。

9. 蓝盆花属　*Scabiosa* L.

蓝盆花 *Scabiosa comosa* Fisch. ex Roem. et Schult.

多年生草本。茎直立，被白色细柔毛。基生叶丛生，椭圆形，基部渐狭成长柄，两面被平贴短柔毛；叶柄具狭翅，基部成鞘状，密被倒生短柔毛；茎生叶对生，大头羽状深裂。头状花序顶生；总苞片线形，背面被柔毛，边花大，呈放射状；花萼 5 裂，刺毛状；花冠蓝紫色，筒状，先端 5 裂；雄蕊 4；子房包于杯状小总苞内。果序椭圆形，小总苞略呈四面方柱状；瘦果包藏在小总苞内，顶端具宿存刺毛状萼针。花期 6~8 月，果期 8~10 月。

产宁夏六盘山、西吉火石寨及南华山，生于海拔 1800~2400m 的山坡草地。分布于甘肃、河北、河南、黑龙江、吉林、辽宁、内蒙古、陕西和山西。

10. 川续断属　*Dipsacus* L.

日本续断 *Dipsacus japonicus* Miq.

多年生草本。茎 4~6 棱，棱上有倒钩刺。基生叶 3 裂；茎生叶具 3~5 个羽状裂片，裂片长圆状卵形，菱状卵形，两面被白色柔毛，沿背面叶脉和叶柄均有钩刺。头状花序球形；总苞片线状披针形，背面中下部生有数个刺毛；小苞片多数，倒卵形，背面密生短柔毛，中央具锥刺状长喙；花萼碗状，顶端 4 裂；花冠紫红色，漏斗状，裂片 4；雄蕊 4；子房下位，包于囊状小总苞中，果时苞片增长；小总苞四棱柱状，顶有 8 齿。花期 7 月。

产宁夏六盘山、南华山及固原、泾源等市（县），生于海拔 1740~2400m 的山坡草地。全国各地均有分布。

一三九　五加科　Araliaceae

1. 人参属　*Panax* L.

（1）人参 *Panax ginseng* C. A. Mey.

多年生草本。根状茎短，直立。主根肥大，呈纺锤形，下部分枝。茎直立，单一，具纵条棱，无毛。掌状复叶 1~6 轮生于茎顶，具 5 小叶，小叶片椭圆形，先端渐尖，边缘具细重锯齿，上面沿叶脉疏具刚毛；小叶柄具纵棱，无毛。伞形花序顶生，总花梗较叶长，无毛；具两性花及雄花，花梗花萼钟形，边缘具 5 个三角形小齿；花瓣 5，黄绿色；雄蕊 5；子房下位，花柱 2，在两性花中分离，在雄花中合生。果实扁球形，鲜红色。

宁夏六盘山有栽培。分布于黑龙江、吉林和辽宁。

（2）大叶三七（竹节参）*Panax japonicus* (T. Nees) C. A. Meyer

多年生草本。根状茎细长，横走，节部膨大，呈串珠状。茎直立，单一，具纵棱，无毛。叶为掌状复叶，3~4 片轮生于茎顶，小叶 5~7，倒卵状椭圆形，先端长渐尖，基部渐狭，下延，边缘具细锐重锯齿。伞形花序单个顶生，总花梗较叶长，无毛；花梗无毛；苞片小，三角状披针形；花萼杯状，无毛，边缘具 5 个三角状小齿；花瓣 5，黄绿色；雄蕊 5，花丝短；子房 2 室，花柱 2，在雄花中合生。花期 6~7 月。

产宁夏六盘山，多生于阴坡林下。分布于安徽、福建、甘肃、广西、贵州、河南、湖北、湖南、江西、陕西、山西、四川、西藏、云南和浙江。

（3）疙瘩七 *Panax japonicus* (T. Nees) C. A. Meyer var. *bipinnatifidus* (Seemann) C. Y. Wu & K. M. Feng

本变种植株较高大。小叶长椭圆形，1 回羽状深裂或全裂，裂片边缘具不整齐的小裂片或锯齿。顶生的伞形花序总梗上具 4~6 个侧生小伞形花序。

产宁夏六盘山，生于阴坡林下。分布于陕西、甘肃、湖北、四川、云南和西藏。

2. 楤木属 *Aralia* L.

楤木 *Aralia elata* (Miq.) Seem.

小乔木。树皮灰白色，被粗壮直刺；小枝密生棕色短柔毛。2~3 回羽状复叶，长可达 1m，叶柄粗壮，密被棕色短柔毛和疏生皮刺；小叶卵形，边缘具齿，网脉明显，两面无毛。伞形花序集成大型的圆锥花序，总花梗密被棕色柔毛；苞片披针形，膜质，外面密被棕色柔毛；花梗密被棕色柔毛；花萼杯状，无毛，5 裂；花瓣 5，三角状卵形，先端尖，淡黄色；雄蕊 5；花柱 5，中部以下合生。果实球形，黑色，无毛。花期 7~8 月，果期 8~10 月。

产宁夏六盘山，生于山坡杂木林中或林缘。分布于甘肃、福建、广东、广西、贵州、海南和江西。

3. 五加属 *Eleutherococcus* Maxim.

（1）短柄五加 *Eleutherococcus brachypus* (Harms) Nakai

落叶灌木。枝棕色，叶柄基部具 1~2 个刺，刺短，向下斜伸。掌状复叶，小叶 5，稀 3，倒卵形或狭倒卵形，先端圆，基部渐狭，全缘，两面无毛，叶脉在上面稍下陷，下面稍隆起；小叶柄上部叶几无柄或甚短。伞形花序数个簇生枝端，总花梗果时可伸长达 5cm，具纵棱，无毛，花梗无毛；花萼钟形，无毛，边缘具 5 个三角形小裂齿；花瓣 5，三角状宽卵形；雄蕊 5；花柱全部合生成柱状。果实近球形，具 5 深棱。花期 8 月，果期 9~10 月。

产宁夏六盘山，生于山坡灌丛或林缘。分布于陕西和甘肃。

（2）红毛五加 *Eleutherococcus giraldii* (Harms) Nakai

落叶灌木。枝灰白色，疏或密生细刺。小叶5，小叶片倒卵状椭圆形，先端渐尖，基部渐狭，边缘具不整齐的重锯齿，两面无毛；无小叶柄；叶柄具纵棱，无毛。伞形花序单个顶生，总花梗无毛；花梗无毛；花萼杯状，无毛，边缘近全缘；花瓣5，三角状宽卵形，先端尖，反折；雄蕊5；花柱5，基部合生。果实近球形，无毛。花期6月，果期7~8月。

产宁夏六盘山，生于海拔2100~2300m的山坡灌木丛中。分布于甘肃、河南、湖北、青海、四川、陕西和云南。

（3）蜀五加 *Eleutherococcus leucorrhizus* Oliver var. *setchuenensis* (Harms) C. B. Shang & J. Y. Huang

灌木。枝紫褐色，无刺。小叶3，有时枝条顶端的叶为单叶，叶片卵形或卵状椭圆形，先端渐尖，边缘具细锯齿，两面无毛；小叶柄极短或几无小叶柄；叶柄无毛。伞形花序单生枝顶，总花梗无毛，花梗无毛；花萼无毛，边缘具 5 个三角形小裂齿；花瓣 5，三角状宽卵形；雄蕊 5；花柱 5，全部合生成柱状。果实椭圆形，宿存花柱顶端分离。花期 5~6 月，果期 7~8 月。

　　产宁夏六盘山，生于海拔 2200~2400m 的山坡灌木丛中。分布于甘肃、贵州、河南、湖北、陕西和四川。

（4）藤五加 *Eleutherococcus leucorrhizus* Oliv.

　　落叶灌木。枝灰黄白色或浅棕色，无毛，叶柄基部具数个直伸细刺。掌状复叶具 5 小叶，稀 3 小叶，小叶片倒卵状长椭圆形，先端渐尖，边缘具不规则的锯齿，两面无毛；小叶柄无毛。伞形花序数个簇生枝顶或单生，总花梗无毛；花梗长无毛；花萼三角状倒圆锥形，无毛，边缘具 5 个宽三角形小裂齿；花瓣 5，三角状狭卵形，先端尖；雄蕊 5；花柱全部合生成柱状。果实近球形，具 5 棱，宿存花柱顶端分离。花期 7 月，果期 8~9 月。

　　产宁夏六盘山，生于海拔 2000~2400m 的山坡灌丛或林缘中。分布于安徽、甘肃、广东、贵州、河南、湖北、湖南、江西、陕西、四川、云南和浙江。

（5）狭叶五加 *Eleutherococcus wilsonii* (Harms) Nakai

落叶灌木。枝条紫褐色，无毛，具细刺或无刺，幼枝浅棕褐色，无刺。叶具小叶 3，稀 5，狭披针形或狭倒披针形，先端渐尖，基部渐狭，边缘具锯齿，主脉在上面明显隆起，背面网脉明显，两面无毛；小叶柄无毛；叶柄具纵棱，无毛和刺，基部扩展，稍抱茎。伞形花序单个顶生，总花梗无毛；花梗无毛；花萼无毛，边缘具 5 个小裂齿；花瓣 5，三角状宽卵形；花柱 5，仅基部合生。果实椭圆形，具 5 棱。花期 6~7 月，果期 7~8 月。

产宁夏六盘山，生于海拔 2600~2700m 的山坡灌丛中。分布于甘肃、湖北、陕西、四川、西藏和云南。

一四○　**伞形科**　**Umbelliferae**

1. 变豆菜属　*Sanicula* L.

首阳变豆菜（太白变豆菜）*Sanicula giraldii* Wolff

多年生草本。根状茎短，直立或横生。茎单生，具纵条棱，无毛。基生叶多数，叶片肾圆形，掌状 3 全裂，中裂片倒卵状楔形，顶端 3 浅裂，侧裂片 2 深裂，两面无毛；叶柄柔弱，无毛，基部扩展成膜质鞘。花序 2~4 回二歧式分枝，主枝伸长；总苞片叶状，对生；伞辐 2~3；小总苞片卵状披针形；小伞形花序具花 6~7 朵，雄花 3~5，花梗较两性花短；萼齿卵形；花瓣白色，顶端内曲。果实卵形，表面具钩状皮刺；油管不显。花期 6~7 月，果期 7~8 月。

产宁夏六盘山，生于林缘或路边。分布于重庆、甘肃、河北、河南、青海、陕西、山西、四川和西藏。

2. 柴胡属 *Bupleurum* L.

（1）线叶柴胡 *Bupleurum angustissimum* (Franch.) Kitag.

多年生草本。根圆柱形，表面红棕色。茎呈二歧分枝，主茎呈明显的之字形弯曲，具纵棱，无毛，基部具纤维状残存叶鞘。基生叶线形，先端长渐尖，基部渐狭成柄，柄叶柄基部扩展成鞘，抱茎，常带紫红色；茎生叶狭线形，边缘内卷，无柄。复伞形花序生枝顶；总苞片无或 1~3，钻形，伞辐 5~8，纤细，不等长；小总苞片 3~7，线状披针形，先端尖；小伞形花序具花 8~15 朵；花瓣鲜黄色。果实椭圆形，果棱线形。花期 7~8 月，果期 8~10 月。

产宁夏西吉、海原等县及中卫香山，生于干旱山坡、稀疏灌丛及草地。分布于甘肃、内蒙古、青海、陕西、山东和山西。

（2）锥叶柴胡 *Bupleurum bicaule* Helm

多年生丛生草本。直根发达，外皮深褐色或红褐色，表面皱缩，有较明显的横纹和突起，质地坚硬，木质化，断面纤维状，很少分枝，根颈分枝极多，每一分枝的基部均簇生有残叶鞘。茎常多数，细弱，纵棱明显，上端有少数短分枝。叶全部线形，3~5脉，顶端渐尖，有锐尖头，基部变狭成叶柄；茎叶很少，5~7脉，向上渐小。复伞形花序；伞辐4~7；小伞形花序花7~13；总苞片常无或1~3，脉1~3；小总苞片5，披针形，短于小伞形花序，顶端尖锐，3脉；花瓣鲜黄色，小舌片顶端浅2裂，较小，中脉不突起；花柱基深黄色。果广卵形，两侧略扁，两端截形，蓝褐色，棱突出，细线状，淡棕色；棱槽中油管3，合生面2~4。花期7~8月，果期8~9月。

产宁夏中卫香山和罗山，生于干旱多砾石的山坡草地。分布于河北、黑龙江、陕西、山西和内蒙古。

（3）紫花大叶柴胡 *Bupleurum boissieuanum* H. Wolff

多年生草本。根茎粗壮，质坚。茎直立，单生，上部具分枝，无毛。基生叶卵形或宽披针形，基部收缩成具翅的长叶柄，叶柄基部耳状抱茎；茎中部以上叶椭圆形或三角状卵形，无柄，基部心形，抱茎，上面绿色，背面蓝绿色，两面无毛。复伞形花序，总苞片2~5，不等大，披针形，伞辐3~9个，不等长；小总苞片5~6，椭圆形；小伞形花序具花5~15朵；花瓣紫红色。果实长圆形，无毛；分果棱丝形，明显。花期7月，果期8~9月。

产宁夏六盘山，生于山谷林缘或林下潮湿处。分布于甘肃、河南、湖北、陕西、山西和四川。

（4）黄花鸭跖柴胡 *Bupleurum commelynoideum* H. Boiss. var. *flaviflorum* Shan et Y.Li

多年生草本。根圆柱形，深棕色。茎直立，无毛，基部具鳞片状残留叶鞘。基生叶线状倒披针形，先端渐尖，基部渐狭成长柄，常带紫色；茎生叶卵状披针形，先端尾状长渐尖，基部楔形，抱茎，边缘膜质，无柄。复伞形花序顶生，无总苞片或仅具 1 片总苞片，长椭圆形，伞辐 6~8 个，不等长；小总苞片 5~7，椭圆形，先端具小尖头，边缘膜质，基部稍连合，小伞形花序具 16~30 朵花，花梗短；花瓣黄色。果实未见。花期 7~8 月。

产宁夏南华山，生于阳坡草地上。分布于甘肃、青海、四川和西藏。

（5）北柴胡 *Bupleurum chinense* DC.

多年生草本。根长圆锥形，棕褐色。茎直立，单生，上部具分枝，具纵棱，无毛，基部带紫红色。基生叶倒披针形或椭圆状披针形，先端渐尖，基部收缩成柄；茎中部叶倒披针形，具短柄；上部叶狭披针形，无柄。复伞形花序生枝顶；总苞片 1~2 或缺，椭圆状披针形，先端具小尖头，伞辐 7~10，纤细，不等长；小总苞片 5~8，椭圆状披针形，先端尖，边缘膜质；小伞形花序具花约 10 朵。果实椭圆形，两侧略扁，果棱狭翅状。花期 8 月，果期 9~10 月。

产宁夏六盘山，生山坡草地或山地路旁。分布安徽、甘肃、河北、黑龙江、河南、湖北、湖南、江苏、江西、吉林、辽宁、内蒙古、陕西、山东、山西和浙江。

（6）短茎柴胡 *Bupleurum pusillum* **Krylov**

多年生矮小草本。根粗壮，圆柱形，不分枝或少分枝，黑褐色。茎丛生，直立或斜伸，具纵条棱，无毛。基生叶多数，长椭圆状披针形或长椭圆状倒披针形，先端急尖，基部渐狭成细柄，柄基部扩展成鞘，常带紫红色；茎生叶少数，长椭圆形，基部抱茎，无柄。复伞形花序顶生；总苞片 1 或无，倒卵状椭圆形，先端急尖，伞辐 3~6，不等长；小总苞片 5~7，狭倒卵形或长椭圆形，先端急尖，具小尖头；小伞形花序具花 5~15 朵；花瓣黄色。果实卵状椭圆形，棕色。花期 8~9 月，果期 9~10 月。

产宁夏贺兰山、罗山及海原、西吉等县，生于干旱山坡或路边。分布于内蒙古、青海和新疆。

（7）红柴胡 *Bupleurum scorzonerifolium* **Willd.**

多年生草本。根长圆锥形，深红棕色。茎直立，上部具分枝，稍呈之字形弯曲，具纵条棱，基部具纤维状残留叶鞘。基生叶多数，线状披针形，先端长渐尖，基部收缩成长叶柄；茎生叶小，常内卷，无柄。复伞形花序常腋生；总苞片 1~5，狭卵形，不等大，先端尖，边缘膜质，伞辐 3~7，纤细，不等长；小总苞片 4~6，线状披针形，边缘膜质，等长或稍长于小伞形花序；小伞形花序具花 5~15 朵；花瓣黄色。果实椭圆形，果棱粗钝。花期 7~8 月，果期 8~9 月。

产宁夏贺兰山、六盘山及麻黄山，生于向阳山坡及灌丛中。分布于安徽、甘肃、广西、河北、黑龙江、江苏、吉林、辽宁、内蒙古、陕西、山东和山西。

（8）黑柴胡 *Bupleurum smithii* Wolff

多年生草本。根圆柱形，多分枝。茎丛生，直立，无毛，基部具褐色鳞片状残存叶鞘。基生叶长椭圆状倒披针形，先端具小尖头，柄基部扩展成鞘，抱茎，紫红色；茎中部叶长椭圆状披针形，无柄；茎上部叶卵状披针形，无柄。复伞形花序顶生；总苞片 1~3，椭圆形，伞辐 6~12 个，不等长；小总苞片 7~10，椭圆形，先端具小尖头；花瓣黄色。果实卵形；分果棱具狭翅，每棱槽内具 3 条油管，合生面具 3~4 条油管。花期 7 月，果期 8、9 月。

产宁夏六盘山，生于林缘及河滩草地。分布于甘肃、河北、河南、内蒙古、青海、陕西和山西。

（9）小叶黑柴胡 *Bupleurum smithii* Wolff var. *parvifolium* Shan et Y.Li

本变种与正种的主要区别在于，植株较矮小；叶较小；小总苞片 5~7 个，与小伞形花序近等长或稍长。

产宁夏贺兰山，生于向阳山坡草地。分布于甘肃、内蒙古和青海。

（10）银州柴胡 *Bupleurum yinchowense* Shan et Y. Li

多年生草本。根长圆锥形，表面常红色。茎直立，上部具分枝，具纵条棱，基部具膜质残存叶鞘。基生叶倒披针形，先端渐尖或急尖，基部收缩成长柄；茎中部叶倒披针形，具短柄。复伞形花序顶生；总苞片无或1~2，披针形，先端尖，伞辐5~12，细弱；小总苞片5个，线形，先端尖，小伞形花序具花5~12朵；花瓣黄色。果实椭圆形；分果棱丝形，具狭翅。花期8月，果期9~10月。

产宁夏南华山，生于向阳山坡。分布于甘肃、内蒙古和陕西。

3. 棱子芹属 *Pleurospermum* Hoffm.

（1）鸡冠棱子芹 *Pleurospermum cristatum* de Boiss.

二年生草本。根圆锥状。茎直立，中空，具纵条棱，无毛。基生叶及茎下部叶三角状宽卵形，2回羽状分裂；1回裂片卵状长椭圆形；末回裂片宽卵形，先端渐尖，两面无毛；叶柄基部具鞘。复伞形花序；总苞片3~7，狭倒卵形，全缘，具狭白色边缘，伞辐8~15，具纵棱，棱上微被短毛；小总苞片1~6，倒卵状披针形，先端急尖，边缘具狭白色边；小伞形花序具花15~25朵。果实卵状椭圆形，果棱突起，呈明显的鸡冠状。花期6~7月，果期7~8月。

产宁夏六盘山，多生于林下或林缘草地。分布于安徽、甘肃、河南、湖北、青海、陕西、山西和四川。

（2）松潘棱子芹 *Pleurospermum franchetianum* Hemsl.

二年生草本。根圆锥形，棕褐色。茎直立，粗壮，不分枝，无毛，中空。叶宽卵形，3回羽状深裂；1回裂片卵形；末回裂片披针状长椭圆形；两面沿叶脉被短毛，边缘具短缘毛；叶柄基部扩展成鞘。复伞形花序；总苞片 8~12，披针状长椭圆形，顶端 3 裂，边缘白色，伞辐 8~25，具纵棱或狭膜质翅；小总苞片 8~10，椭圆状披针形，边缘白色；小伞形花序具花 15~30 朵；花瓣白色。果实椭圆形，分果棱主棱波状，侧棱翅状。花期 7 月，果期 7~8 月。

产宁夏六盘山，生于林缘草地或阴坡石崖上。分布于甘肃、湖北、青海、陕西和四川。

4. 羌活属　*Notopterygium* de Boiss.

宽叶羌活 *Notopterygium franchetii* H. de Boissieu

多年生草本。具发达的根和根状茎，黑褐色，留有残余叶鞘。茎直立，黄棕色，具纵条棱，无毛。基生叶与茎下部叶 2~3 回三出式羽状复叶，1 回羽片卵形，末回羽片卵状长圆形，先端渐尖，基部楔形，边缘具粗锯齿；上面无毛，下面疏被短毛；叶柄基部扩展成鞘；茎上部叶简化，叶柄短，全部扩展成鞘。复伞形花序；无总苞片，伞辐 20~25，基部被短毛；小总苞片 4~5，线形；小伞形花序具多数花；花瓣白色或带淡紫色。果实未见，花期 7 月。

产宁夏六盘山，生于林缘。分布于甘肃、湖北、内蒙古、青海、陕西、山西、四川和云南。

5. 水芹属　*Oenanthe* L.

水芹 *Oenanthe javanica* (Bl.) DC.

多年生草本。茎直立，下部节上生根，且具长的根状茎，节上生多数须根及茎叶。叶三角形，2 回羽状全裂，1 回羽片狭卵形，两面无毛；茎下部叶与基生叶具长柄，柄基部近二分之一扩展成叶鞘，茎上部叶柄短，几乎全部成叶鞘。复伞形花序顶生，无总苞片，伞辐5~10，不等长；小总苞片 2~8，披针形；小伞形花序具花 10~25 朵；萼齿宽卵状三角形；花瓣白色，宽倒卵形。果实长椭圆形，侧棱较背棱隆起；分果横断面近五边状半圆形。花期 7 月，果期 8 月。

产宁夏中卫、中宁、永宁等市（县），生于水沟边或稻田边。全国各地均有分布。

6. 藁本属　*Ligusticum* L.

（1）辽藁本 *Ligusticum jeholense* (Nakai et Kitag.) Nakai et Kitag.

多年生草本。根圆锥形，褐色。茎直立，上部分枝，常带紫色。基生叶具柄；叶片宽卵形，2~3 回三出式羽状全裂；末回裂片边缘 3~5 浅裂，裂片边缘具齿，齿端具小尖头。复伞形花序；总苞片 2，线形，边缘狭膜质，早落，伞辐 8~16；小总苞片 8~10，钻形；花瓣白色，长圆状倒卵形，小舌片内折；花柱长，果时向下反折。果实背腹扁，椭圆形，背棱突起，侧棱具狭翅；每棱槽内具 1 条油管，合生面具 2~4 条油管；胚乳腹面平直。花期7~8月，果期 9~10 月。

产宁夏六盘山，生于 2600m 左右的山坡林下或草地。分布于河北、吉林、辽宁、山东和山西。

（2）藁本 *Ligusticum sinense* Oliv.

多年生草本。根状茎块状，黑褐色。茎直立，多由基部分枝。基生叶及茎下部叶卵形，2 回三出式羽状全裂；1 回裂片卵形；最终裂片卵形，先端尖，边缘具不整齐的缺刻或锯齿，无柄，两面无毛；叶柄基部扩展成鞘；茎上部叶简化，叶柄短，全部扩展成较宽的叶鞘。复伞形花序顶生；总苞片 3~7，线形；伞辐 15~22，不等长；小总苞片丝形，较花梗短；花瓣白色，宽倒卵形，顶端凹，具内折小舌片。果实宽卵形，分果棱微凸。花期 7~8 月，果期 8~9 月。

产宁夏六盘山，多生于潮湿的林下或山谷水边。分布于甘肃、贵州、河南、湖北、江西、内蒙古、陕西、四川和云南。

（3）岩茴香细叶藁本 *Ligusticum tachiroei* (Franch. et Sav.) Hiroe et Constance

多年生草本。根状茎短，块状，棕褐色。茎直立，中空，具纵条棱，无毛。基生叶和茎下部叶卵形，3 回羽状全裂；最终裂片丝形，先端尖，全缘，两面无毛；叶柄基部扩展成鞘；茎上部叶简化，叶柄短，全部扩展成较宽的叶鞘。复伞形花序顶生；总苞片 3~7，线形，边缘具缘毛，伞辐 5~10；小总苞片丝形；小伞形花序具花十余朵；花瓣白色或淡红色。果实长椭圆形，两侧稍压扁；分果棱细丝状。花期 8 月，果期 9~10 月。

产宁夏六盘山，生于崖下阴湿处或林下。分布于河北、河南、吉林、辽宁和山西。

（薛凯 拍摄）

7. 囊瓣芹属 *Pternopetalum* Franch.

（1）矮茎囊瓣芹 *Pternopetalum longicaule* Shan var. *humile* Shan et Pu

多年生草本。茎直立，细弱，无毛。基生叶三出复叶或 2 回三出式羽状分裂，具长柄；茎生叶近似基生叶，变异较大。复伞形花序，侧生的较叶柄甚短；无总苞片，伞辐 5~15；小总苞片 1~2，刚毛状；小伞形花序具 2~3 朵花；萼齿不明显。果实卵形；分果棱凸起，丝状，每棱槽中具 1 条油管，合生面具 2 条油管。花期 5~6 月，果期 6~7 月。

产宁夏六盘山，生于山坡草地或林下。分布于甘肃、陕西和四川。

（2）条叶囊瓣芹 *Pternopetalum tanakae* (Franch. et Sav.) Hand.-Mazz.

多年生草本。根纺锤形，棕褐色。茎单生。基生叶有柄，基部成宽的膜质叶鞘；叶片轮廓为卵状三角形，2回三出式羽状分裂，末回裂片倒披针形；茎生叶 1~2 枚，叶片 1~2 回三出分裂，裂片线形。复伞形花序无总苞片，伞幅 5~25；小总苞片 1~3，披针形，小伞形花序有花 1~3 朵；萼齿细小，花瓣白色；花柱基扁圆锥形。果实卵状矩圆形，果棱不明显，每棱槽内有 1~2 条油管。花期 6~8 月，果期 8~9 月。

产宁夏六盘山，生于海拔 2300m 左右的山坡林下。分布于安徽、福建、江西和浙江。

8. 胡萝卜属　*Daucus* L.

胡萝卜 *Daucus carota* L. var. *sativa* Hoffm.

二年生草本。根肥厚肉质，圆锥形，黄色。茎直立，具纵棱，棱上具倒生刺毛。基生叶三角状披针形，2~3 回羽状全裂；1 回羽片卵形，具柄；2 回羽片披针形，无柄；最终裂片线形，下面及边缘具长硬毛；叶柄基部扩展成鞘状。复伞形花序顶生；总苞片羽状分裂，裂片线形；伞辐不等长；小总苞片线形或 3 裂，边缘白色膜质；小伞形花序具多数花；萼齿不明显；花瓣白色或淡黄色，倒卵形，先端具内折的小舌片。果实椭圆形。花期 6 月，果期 7 月。

宁夏普遍栽培。我国各地均有栽培。

9. 阿魏属　*Ferula* L.

硬阿魏（沙茴香）*Ferula bungeana* Kitag.

多年生草本。根粗长，圆柱形。茎直立，多分枝，基部具纤维状残余叶鞘。叶三角状宽卵形，2~3回羽状深裂；1回裂片具短柄或无柄；最终裂片倒卵形，顶端具3个尖三角状的牙齿，皱折，灰蓝绿色；叶柄基部扩展成长叶鞘。复伞形花序，总苞片缺或1~2，披针形，伞辐5~12；小总苞片3~5，线形；小伞形花序具花5~12朵；花瓣黄色。果实椭圆形，背腹压扁，无毛；分果棱凸起，每棱槽中具1条油管，合生面具2条油管。花期5月，果期6~7月。

产宁夏同心、固原、西吉、海原等市（县），生长于沙丘、沙地、戈壁滩冲沟或砾石质山坡。分布于甘肃、河北、黑龙江、河南、吉林、辽宁、内蒙古、陕西和山西。

10. 迷果芹属　*Sphallerocarpus* Besser ex DC.

迷果芹 *Sphallerocarpus gracilis* (Bess.) K.-Pol.

一年生或二年生草本。根细长圆锥形。茎直立，多分枝，下部被柔毛。叶卵形，2回羽状全裂，1回羽片具柄，卵形，羽状深裂。复伞形花序；有时具1片总苞片，披针形，膜质，边缘具白色长柔毛；伞辐5~7，不等长，小总苞片5，卵形；小伞形花序花梗细；萼齿小；花瓣白色，伞形花序外缘的辐射瓣宽倒卵形，顶端2裂。果实椭圆形，两侧压扁；分果具5棱，背棱突起，侧棱具狭翅；每棱槽中具2~3条油管，合面具4~6条油管。花期6~7月，果期7~8月。

产宁夏六盘山及贺兰山，生于林缘草地、山坡路旁或村庄附近。分布于甘肃、河北、黑龙江、吉林、辽宁、内蒙古、青海、山西、四川和新疆。

11. 香根芹属　*Osmorhiza* Raf.

香根芹 *Osmorhiza aristata* (Thunb.) Makino et Yabe

多年生草本。根粗壮，圆柱形。茎直立，被长柔毛。叶三角形，2~3 回羽状分裂，1 回羽片狭卵形，具柄；末回裂片卵状披针形，边缘具缺刻，两面沿脉被长毛；基生叶具长柄，基部扩展成膜质叶鞘，叶柄与叶轴均被长柔毛。总苞片 1~4，线形；伞辐 3~5，不等长；小总苞片 4~5，披针形，膜质，反折；小伞形花序具花 5~8 朵，1~4 朵形成果实，不孕花的花梗细丝状。果实棒状线形，果棱线形，果棱与基部均被向上的硬刺毛。花期 5~6 月，果期 7 月。

产宁夏六盘山，生于林下或山谷林缘。我国各地均有分布。

12. 峨参属　*Anthriscus* (Pers.) Hoffm.

峨参 *Anthriscus sylvestris* (L.) Hoffm.

二年生草本。根粗壮，圆锥形，具分枝。茎直立，粗壮，有分枝，被白色粗毛。叶片卵形，2 回三出式羽状分裂；末回裂片卵形，具粗锯齿，背面疏被白色硬毛。复伞形花序，无总苞片，伞辐 6~10 个，不等长；小总苞片 5~8 个，卵状椭圆形，边缘膜质，具缘毛，常反折，小伞形花序具花 8~15 朵；花瓣白色，辐射瓣倒心形；花柱基圆锥形，花柱长为花柱基的 2 倍。果实狭卵形，光滑；分果顶端喙状，横断面近圆形，油管不明显。花期 5~7，果期 7~8 月。

产宁夏六盘山，生于山谷林缘。分布于安徽、甘肃、河北、河南、湖北、江苏、江西、吉林、辽宁、内蒙古、陕西、山西、四川、新疆、西藏和云南。

13. 窃衣属　*Torilis* Adans.

（1）小窃衣 *Torilis japonica* (Houtt.) DC.

一年生或二年生草本。根圆锥形，棕黄色。茎单生，具分枝，被倒贴生短硬毛。叶片卵状三角形，1~2 回羽状分裂，1 回羽片卵状披针形，具短柄；2 回羽片披针形，边缘具条裂状齿，两面被平贴短硬毛。复伞形花序顶；总花梗被倒生平贴短硬毛；总苞片 3~6，线形；伞辐 6~10 个，被向上的平贴短硬毛；小总苞片 5~8，线形，被平贴短硬毛；萼齿细小，三角形；花瓣白色或紫红色，外面被贴生细毛。果实圆卵形，被内弯的钩状皮刺。花期 5~7 月，果期 6~8 月。

产宁夏六盘山，生于林缘、路边、沟旁或村庄附近。除黑龙江、内蒙古和新疆外我国各地均有分布。

（2）窃衣 *Torilis scabra* (Thunb.) DC.

一年生或二年生草本。根圆柱形，棕黄色。茎单生，具分枝，被倒贴生的短硬毛。叶片卵形，2 回羽状分裂，1 回羽片狭卵形，2 回羽片椭圆形，边缘羽状深裂或缺刻，两面被贴生短硬毛。复伞形花序；总花梗被向上的贴生短硬毛；总苞片 1，线形，被贴生短硬毛；伞辐 2~4 个，被向上的贴生短硬毛；小总苞片数个，线形；小伞形花序具 3~7 朵花；萼齿三角形；花瓣白色或淡紫红色。果实长圆形，被内弯的钩状皮刺。花期 7 月，果期 8~9 月。

产宁夏六盘山，生于林缘、路边、荒地。分布于安徽、福建、甘肃、广东、广西、贵州、湖北、湖南、江苏、江西、陕西和四川。

（徐永福 拍摄）

14. 芹属 *Apium* L.

旱芹（芹菜）*Apium graveolens* L.

一年生或二年生草本。根圆锥形。茎直立，具条棱，无毛。基生叶长圆形，1~2 回羽状全裂，裂片卵形，常 3 浅裂或深裂；小裂片近菱形，边缘具锯齿；茎生叶 3 全裂，裂片楔形，叶柄成鞘。复伞形花序，无总苞片，伞辐 7~15 个，不等长；无小总苞片；小伞形花序具多数花；萼齿小不明显；花瓣白色。果实近球形，分果棱线形。花期 6 月，果期 7 月。

宁夏普遍栽培。我国普遍栽培。

15. 茴香属 *Foeniculum* Mill.

茴香（小茴香）*Foeniculum vulgare* Mill.

一年生草本。根肥厚，纺锤形。茎直立，圆柱形，中空，具细纵条纹，上部分枝，灰绿色，无毛。叶卵状三角形，3~4 回羽状全裂，最终裂片丝状；基生叶与茎下部叶具长柄，基部扩展成叶鞘，茎上部叶具短柄，全部或部分扩展成鞘。复伞形花序顶生或与叶对生；无总苞片和小总苞片，伞辐 10~20 个，不等长，具纵条纹，无毛；小伞形花序具多数花；萼齿不明显；花瓣黄色，宽倒卵形。果实椭圆形，分果棱尖锐。花期 7~8 月，果期 8~9 月。

宁夏有栽培，全国均有栽培。

16. 绒果芹属 *Eriocycla* Lindl.

绒果芹 *Eriocycla albescens* (Franch.) Wolff

多年生草本。根圆锥形，具支根。茎直立，丛生，由基部起多次二叉状分枝，被短毛，基部具纤维状残留叶鞘。基生叶多数丛生，长椭圆形，2 回羽状分裂；最终裂片倒卵状楔形，两面疏被短柔毛；叶柄基部扩展成叶鞘。复伞形花序；无总苞片，伞辐 5~10，不等长，密被黄棕色短毛；小总苞片 5~10，狭披针形，边缘膜质，背面微被短毛；花梗被短毛；花瓣白色，先端具内卷的小舌片，背面微被短毛。果实椭圆形，密被短毛。花期 8 月，果期 9~10 月。

产宁夏海原县，生于山坡或田边、路边。分布于河北、辽宁和内蒙古。

17. 葛缕子属 *Carum* L.

（1）田葛缕子 *Carum buriaticum* Turcz.

二年生草本。根长锥形。茎直立，有分枝，具纵棱，基部具枯死的残留叶柄。基生叶卵状长椭圆形，2~3 回羽状全裂，1 回裂片卵形，无柄，最终裂片丝形，两面无毛；叶柄基部扩展成叶鞘。复伞形花序，总花梗具纵棱，无毛；总苞片 3~5，丝形，基部具膜质边缘，伞辐 8~15，小总苞片 5~10，卵状披针形，先端尾状长渐尖，边缘膜质；萼齿短小；花瓣白色，宽倒卵形，先端凹陷，具内折的小舌片。果实椭圆形，无毛；分果棱凸起。花期 7 月，果期 8~9 月。

产宁夏六盘山及南华山，生于山坡草地、田边、路旁。分布于甘肃、河北、河南、吉林、辽宁、内蒙古、青海、陕西、山东、山西、四川、西藏和新疆。

（2）葛缕子 *Carum carvi* L.

二年生或多年生草本。根圆锥形。茎丛生，多分枝，具纵条棱。叶卵状长椭圆形，2~3 回羽状深裂；1 回羽片远离，卵形，具短柄，最终裂片线状披针形；叶具长柄，柄基部扩展成宽的叶鞘，边缘具宽的膜质。复伞形花序；总苞片无或具 1 丝状总苞片，伞辐 6~8，不等长；无小总苞片；花梗不等长；萼齿短小；花瓣白色或粉红色，倒卵形。果实椭圆形，褐色，无毛；分果棱凸起。花期 6~7 月，果期 7~8 月。

产宁夏六盘山、罗山、贺兰山及南华山，生于海拔 2000~2400m 的山坡、草地、路边及田边。分布于甘肃、河北、河南、吉林、辽宁、内蒙古、青海、陕西、山东、四川、新疆、西藏和云南。

18. 芫荽属　*Coriandrum* L.

芫荽（香菜）*Coriandrum sativum* L.

一年生草本。具强烈气味。茎直立多分枝，叶卵形，1~2回羽状全裂，1回羽片宽卵形，边缘具缺刻；基生叶具长柄，叶柄基部扩展成鞘，抱茎；茎生叶柄短，成鞘状。复伞形花序，无总苞片，伞辐4~6；小总苞片2~4，线形；萼齿大小不等；花瓣白色或淡紫色，倒卵形，顶端凹陷，具内折的小舌片，背面具1条棕色脉纹，伞形花序外缘的花瓣为辐射瓣，2深裂，背面3条棕色脉纹。果实近球形，背面主棱和相邻的次棱明显，油管不明显。花期6~7月，果期7~8月。

宁夏普遍栽培。我国普遍栽培。

19. 茴芹属　*Pimpinella* L.

（1）菱叶茴芹 *Pimpinella rhomboidea* Diels

多年生草本。根圆柱形。茎直立，上部具分枝。基生叶具长柄；叶片2回三出分裂，先端渐尖，基部楔形；茎上部叶无柄，叶片 3 裂，裂片边缘具不规则的缺刻状齿。复伞形花序；无总苞片或稀有 1~5 枚；伞幅 10~25，近等长；小总苞片 2~5，线形；花杂性，无萼齿；花瓣白色；花柱基圆锥形，花柱向两侧弯曲。果实卵球形，果棱不明显，无毛，每棱槽内有 3 条油管，合生面有 6 条油管。花果期 6~9 月。

产宁夏六盘山，生于林下、灌丛。分布于甘肃、贵州、河北、河南、陕西和四川。

（2）直立茴芹 *Pimpinella smithii* Wolff

多年生草本。根长圆锥形。茎直立，微被柔毛，中上部分枝。基生叶和茎下部叶有柄；叶片 2 回羽状分裂，末回裂片卵形，先端长渐尖，基部楔形；茎中部和上部叶 2 回三出分裂。复伞形花序，无总苞片；伞幅 5~25，不等长；小总苞片 2~8，线形；无萼齿；花瓣白色，先端小舌片内折成凹缺；花柱基圆锥形。果实卵球形，疏被短柔毛，果棱线形，每棱槽内有 2~4 油管，合生面有 4~6 油管；胚乳腹面平直。花期 7~8 月，果期 8~9 月。

产宁夏六盘山，生于海拔 2000m 左右的林下、灌丛、草地。分布于甘肃、广西、河南、湖北、内蒙古、青海、陕西、山西、四川和云南。

20. 岩风属 *Libanotis* Haller ex Zinn

狼山岩风 *Libanotis abolinii* (Korovin) Korovin

多年生草本。植株通常浅灰蓝色。基生叶多数，叶柄短于叶片，被短柔毛；叶片狭长圆形，2~3 回羽状分裂；羽片 4~7 对，无柄；末回裂片线状披针形。茎生叶少，1~2 回羽状分裂，叶柄完全具鞘。复伞形花序，苞片 5~10，披针形，具糙硬毛；伞辐 5~15，不等长，小苞片 5~8（~13），披针形，等于或者超过花，边缘干膜质；伞形花序 13~17 朵。花瓣白色或淡紫色，萼齿卵状披针形。果长圆形到椭圆形，背压扁，密被短柔毛。花期、果期 7~9 月。

产宁夏中卫香山地区，生于石质或砾石山坡。分布于内蒙古和新疆。

21. 防风属 *Saposhnikovia* Schischk.

防风 *Saposhnikovia divaricata* (Turcz.) Schischk.

多年生草本。根粗壮，根颈密被棕褐色纤维状叶柄残余。茎直立，二歧式分枝，表面具纵棱。基生叶多数，叶片三角状卵形，2~3 回羽状深裂；1 回羽片卵形，具柄；2 回羽片无柄；最终裂片狭楔形，顶端具齿，齿尖具小尖头，两面无毛；叶柄基部扩展成鞘；复伞形花序；无总苞片；伞辐 6~10，不等长；小总苞片 4~5，披针形；小伞形花序具花 4~9 朵；萼齿卵状三角形；花瓣白色。果实分果棱常为海绵质瘤状突起所掩盖。花期 7~8 月，果期 8~9 月。

产宁夏六盘山及固原市原州区，生于林缘草地或向阳山坡上。分布于甘肃、河北、黑龙江、吉林、辽宁、内蒙古、陕西、山东和山西。

22. 西风芹属 *Seseli* L.

内蒙西风芹 *Seseli intramongolicum* Y. C. Ma

多年生草本。根粗壮，圆柱形，棕黄色，根颈被多数纤维状枯叶柄残余。茎直立，多二歧式分枝。基生叶多数，叶三角状卵形，3 回羽状全裂，最终裂片线形；基生叶具长柄，叶柄基部具短的鞘；茎生叶简化，具短柄，顶生叶极简化，叶柄短，全部成叶鞘。复伞形花序多数；无总苞片，伞幅 3~7 个，不等长；小总苞片 8~15；花瓣白色，倒卵形，顶端具内折小舌片。果实椭圆形，每棱槽中具 1 条油管，合生面具 2 条油管。花期 7 月，果期 8~9 月。

产宁夏贺兰山，生于海拔 2200~2400m 的向阳干旱山坡上。分布于甘肃、内蒙古和宁夏。

23. 当归属 *Angelica* L.

白芷 *Angelica dahurica* (Fisch. ex Hoffm.) Benth. et Hook. f. ex Franch.

多年生草本。直根圆锥形，粗大。茎直立，中空，花序下被短毛外，均无毛。基生叶与茎下部叶 1 回羽状分裂，有长柄，叶柄下部成管状抱茎的叶鞘；茎上部叶 2~3 回羽状分裂，叶片轮廓为卵形，叶柄下部成囊状膨大的膜质叶鞘；末回裂片长圆形。复伞形花序；伞幅多；总苞片缺或具 1~2 枚，成长卵形膨大的鞘；小总苞片 5~10，膜质；花白色，无萼齿；花瓣倒卵形。果实长圆形，背棱扁，侧棱翅状，棱槽中具 1 条油管，合生面具 2 条油管。花期 7~8 月，果期 8~9 月。

产宁夏六盘山及固原市原州区，生于林下、林缘、灌丛及山谷草地。分布于河北、黑龙江、吉林、辽宁、陕西和台湾。

24. 蛇床属　*Cnidium* Cusson

（1）蛇床 *Cnidium monnieri* (L.) Cuss.

一年生草本。茎直立或斜上，多分枝，中空，表面具深条棱，粗糙。下部叶具短柄，叶鞘短宽，边缘膜质，上部叶柄全部鞘状；叶片轮廓卵形至三角状卵形，2~3回三出式羽状全裂，羽片轮廓卵形至卵状披针形，先端常略呈尾状，末回裂片线形至线状披针形，具小尖头，边缘及脉上粗糙。复伞形花序总苞片 6~10，线形至线状披针形，边缘膜质，具细睫毛；伞辐 8~20，不等长，棱上粗糙；小总苞片多数，线形，边缘具细睫毛；小伞形花序具花 15~20，萼齿无；花瓣白色，先端具内折小舌片。分生果长圆状，横剖面近五角形，主棱5，均扩大成翅。花期 4~7 月，果期 6~10 月。

产宁夏永宁县，生于田边、路旁、草地及河边湿地。分布于华东、中南、西南、西北、华北、东北。

（2）碱蛇床 *Cnidium salinum* Turcz.

多年生草本。主根圆锥形。茎直立，无毛。基生叶和茎下部叶具长柄，柄叶片轮廓卵形，2~3 回羽状全裂，末回裂片线形，先端锐尖，边缘稍反卷，两面无毛；叶柄成鞘状。复伞形花序；伞幅 8~15，具纵棱，内侧被微短硬毛；无总苞片或稀具 1~2 枚，线状钻形，与伞幅等长，小伞形花序具花 15~20，小总苞片 3~6；萼齿不明显；花瓣白色，宽倒卵形，先端具小舌片，内卷成凹缺状；花柱基圆锥形，花柱长于花柱基。果实近椭圆形或卵形。花期 7~8 月，果期 8~9 月。

产宁夏贺兰山及罗山，生于草地、沟渠边。分布于甘肃、河北、黑龙江、内蒙古、和青海。

25. 前胡属 *Peucedanum* L.

（1）长前胡 *Peucedanum turgeniifolium* H. Wolff

多年生草本。根圆锥形，具支根。茎直立，单生，被短毛，基部具纤维状残存叶鞘。基生叶和茎下部叶三角状宽卵形，2~3 回三出式羽状深裂；1 回裂片卵形，具短柄；最终裂片楔形，上部边缘具缺刻状锐锯齿，背面被短柔毛；叶柄基部扩展成较长的叶鞘；茎上部叶小而简化，叶柄全部成鞘。复伞形花序；总苞缺或 2~3，线形，伞幅 10~20，不等长；小总苞片 7~13，线形，背面及边缘被短柔毛；小伞形花序具 20~30 朵花，被短柔毛；花瓣白色。

产宁夏六盘山，生于山梁向阳草地。分布于甘肃和四川。

（2）华北前胡（毛白花前胡） *Peucedanum harry-smithii* **Fedde ex H. Wolff**

多年生草本。根茎粗短，木质化；根圆锥形，有分枝。茎直立，被极短硬毛。茎下部叶具长柄，叶柄基部成卵状披针形的叶鞘，边缘膜质，外面被绒毛；叶片卵状披针形，3回羽状全裂，末回裂片菱状倒卵形，两面生短毛。复伞形花序；伞幅不等长，小总苞片较花梗短，边缘膜质；萼齿显著，狭三角形；花瓣白色，先端小舌片内曲。果实卵状椭圆形，密被短毛；侧棱翅状，每棱槽具 3~4 条油管，合生面具 6~8 条油管。花期 7~8 月，果期 8~9 月。

产宁夏六盘山，生于海拔 2000m 左右的林缘、山坡草地。分布于甘肃、河北、河南、内蒙古、陕西、山西和四川。

26. 独活属 *Heracleum* L.

（1）多裂独活 *Heracleum dissectifolium* **K. T. Fu**

多年生草本。根长圆锥形。茎直立，中空，被白色长糙毛。基生叶与茎下部叶卵形；1回裂片具短柄；最终裂片卵状披针形，上面被短硬毛，背面被柔毛；叶柄基部扩展成鞘，被白色长柔毛；茎上部叶 2 回羽状深裂，叶柄全部扩展成鞘。复伞形花序；无总苞片，伞辐不等长；小总苞片线形；花梗内侧被短柔毛；花瓣白色，倒卵形，辐射瓣倒卵状楔形，顶端 2 浅裂达中部。果实椭圆形，无毛；分果背棱和中棱丝状，侧棱具狭翅。花期 7 月，果期 8~9 月。

产宁夏六盘山，生于林缘草地。分布于甘肃和四川。

（2）裂叶独活 *Heracleum millefolium* Diels

多年生草本。茎直立，分枝，下部叶有柄；叶片轮廓为披针形，三至四回羽状分裂，末回裂片线形或披针形，先端尖；茎生叶逐渐短缩。复伞形花序顶生和侧生，花序总苞片4~5，披针形；伞辐7~8，不等长；小总苞片线形，有毛；花白色；萼齿细小。果实椭圆形，背部极扁，有柔毛，背棱较细；每棱槽内有油管1个，合生面油管2个，其长度为分生果长度的一半或略超过。花期6~8月，果期9~10月。

产宁夏六盘山，生于林缘草地，山顶或沙砾沟谷草甸。分布于西藏、青海、甘肃、四川、云南。

参 考 文 献

程积民，朱仁斌 . 2014. 六盘山植物图志 [M]. 北京：科学出版社 .

黄璐琦，李小伟 . 2017. 贺兰山植物资源图志 [M]. 福州：福建科技出版社 .

马德滋，刘惠兰, 胡福秀 . 2007. 宁夏植物志 . 2 版（下卷）[M]. 银川：宁夏人民出版社 .

中国科学院中国植物志编辑委员会 . 1978. 中国植物志，第五十四卷 [M]. 北京：科学出版社 .

中国科学院中国植物志编辑委员会 . 1979. 中国植物志，第五十五卷第一分册 [M]. 北京：科学出版社 .

中国科学院中国植物志编辑委员会 . 1985. 中国植物志，第五十五卷第二分册 [M]. 北京：科学出版社 .

中国科学院中国植物志编辑委员会 . 1992. 中国植物志，第五十五卷第三分册 [M]. 北京：科学出版社 .

中国科学院中国植物志编辑委员会 . 1992. 中国植物志，第六十一卷 [M]. 北京：科学出版社 .

中国科学院中国植物志编辑委员会 . 1988. 中国植物志，第六十二卷 [M]. 北京：科学出版社 .

中国科学院中国植物志编辑委员会 . 1977. 中国植物志，第六十三卷 [M]. 北京：科学出版社 .

中国科学院中国植物志编辑委员会 . 1979. 中国植物志，第六十四卷第一分册 [M]. 北京：科学出版社 .

中国科学院中国植物志编辑委员会 . 1989. 中国植物志，第六十四卷第二分册 [M]. 北京：科学出版社 .

中国科学院中国植物志编辑委员会 . 1982. 中国植物志，第六十五卷第一分册 [M]. 北京：科学出版社 .

中国科学院中国植物志编辑委员会 . 1977. 中国植物志，第六十五卷第二分册 [M]. 北京：科学出版社 .

中国科学院中国植物志编辑委员会 . 1977. 中国植物志，第六十六卷 [M]. 北京：科学出版社 .

中国科学院中国植物志编辑委员会 . 1978. 中国植物志，第六十七卷第一分册 [M]. 北京：科学出版社 .

中国科学院中国植物志编辑委员会 . 1979. 中国植物志，第六十七卷第二分册 [M]. 北京：科学出版社 .

中国科学院中国植物志编辑委员会 . 1963. 中国植物志，第六十八卷 [M]. 北京：科学出版社 .

中国科学院中国植物志编辑委员会 . 1990. 中国植物志，第六十九卷 [M]. 北京：科学出版社 .

中国科学院中国植物志编辑委员会 . 2002. 中国植物志，第七十卷 [M]. 北京：科学出版社 .

中国科学院中国植物志编辑委员会 . 1999. 中国植物志，第七十一卷第二分册 [M]. 北京：科学出版社 .

中国科学院中国植物志编辑委员会 . 1988. 中国植物志，第七十二卷 [M]. 北京：科学出版社 .

中国科学院中国植物志编辑委员会 . 1986. 中国植物志，第七十三卷第一分册 [M]. 北京：科学出版社 .

中国科学院中国植物志编辑委员会 . 1983. 中国植物志，第七十三卷第二分册 [M]. 北京：科学出版社 .

中国科学院中国植物志编辑委员会 . 1985. 中国植物志，第七十四卷 [M]. 北京：科学出版社 .

中国科学院中国植物志编辑委员会 . 1979. 中国植物志，第七十五卷 [M]. 北京：科学出版社 .

中国科学院中国植物志编辑委员会 . 1983. 中国植物志，第七十六卷第一分册 [M]. 北京：科学出版社 .

中国科学院中国植物志编辑委员会 . 1991. 中国植物志，第七十六卷第二分册 [M]. 北京：科学出版社 .

中国科学院中国植物志编辑委员会 . 1999. 中国植物志，第七十七卷第一分册 [M]. 北京：科学出版社 .

中国科学院中国植物志编辑委员会 . 1989. 中国植物志，第七十七卷第二分册 [M]. 北京：科学出版社 .

中国科学院中国植物志编辑委员会 . 1987. 中国植物志，第七十八卷第一分册 [M]. 北京：科学出版社 .

中国科学院中国植物志编辑委员会 . 1999. 中国植物志，第七十八卷第二分册 [M]. 北京：科学出版社 .

中国科学院中国植物志编辑委员会 . 1996. 中国植物志，第七十九卷 [M]. 北京：科学出版社 .

中国科学院中国植物志编辑委员会 . 1997. 中国植物志，第八十卷第一分册 [M]. 北京：科学出版社 .

中国科学院中国植物志编辑委员会 . 1999. 中国植物志，第八十卷第二分册 [M]. 北京：科学出版社 .

朱宗元，梁存柱 . 2011. 贺兰山植物志 [M]. 银川：阳光出版社 .

Wu Z Y, Raven P H. 2007. Flora of China: Vol. 13[M]. Beijing: Science Press and Missouri Botanical Garden.

Wu Z Y, Raven P H. 2005. Flora of China: Vol. 14[M]. Beijing: Science Press and Missouri Botanical Garden.

Wu Z Y, Raven P H. 1996. Flora of China: Vol. 15[M]. Beijing: Science Press and Missouri Botanical Garden.

Wu Z Y, Raven P H. 1995. Flora of China: Vol. 16[M]. Beijing: Science Press and Missouri Botanical Garden.

Wu Z Y, Raven P H. 1994. Flora of China: Vol. 17[M]. Beijing: Science Press and Missouri Botanical Garden.

Wu Z Y, Raven P H. 1998. Flora of China: Vol. 18[M]. Beijing: Science Press and Missouri Botanical Garden.

Wu Z Y, Raven P H. 2011. Flora of China: Vol. 19[M]. Beijing: Science Press and Missouri Botanical Garden.

Wu Z Y, Raven P H. 2011. Flora of China: Vol. 20[M]. Beijing: Science Press and Missouri Botanical Garden.

Wu Z Y, Raven P H. 2011. Flora of China: Vol. 21[M]. Beijing: Science Press and Missouri Botanical Garden.